MÉTÉOROLOGIE

ET

MÉTÉOROGRAPHIE, PATHOGÉNIE ET NOSOG

OU

ÉLÉMENTS DE RECHERCHES SUR LA CONNEXION

ENTRE LES

DIVERS AGENTS MÉTÉOROLOGIQUES ET LA PATHOGÉNIE CIVILE ET MILI

A ROME (de 1850 à 1861)

PAR LE

DOCTEUR F. BALLEY, Médecin aide-major de 1re classe.

ATLAS

Annexé aux nos 41 et 42 du *Recueil de Mémoires de Médecine, de Chirurgie et de Pharmacie*

PARIS

LIBRAIRIE DE LA MÉDECINE, DE LA CHIRURGIE ET DE LA PHARMACIE MILITAIRES,

VICTOR ROZIER, ÉDITEUR,

RUE CHILDEBERT, 11,

Près la place Saint-Germain-des-Prés.

1863

MÉTÉOROLOGIE

ET

MÉTÉOROGRAPHIE, PATHOGÉNIE ET NOSOGRAPHIE

OU

ÉLÉMENTS DE RECHERCHES SUR LA CONNEXION

ENTRE LES

DIVERS AGENTS MÉTÉOROLOGIQUES ET LA PATHOGÉNIE CIVILE ET MILITAIRE

A ROME (de 1850 à 1861);

PAR LE

DOCTEUR F. BALLEY, Médecin aide-major de 1re classe.

ATLAS

Annexé aux nos 41 et 42 du *Recueil de Mémoires de Médecine, de Chirurgie et de Pharmacie militaires.*

PARIS

LIBRAIRIE DE LA MÉDECINE, DE LA CHIRURGIE ET DE LA PHARMACIE MILITAIRES,

VICTOR ROZIER, ÉDITEUR,

RUE CHILDEBERT, 11,

Près la place Saint-Germain-des-Prés.

1863

ÉTAT DU CIEL A ROME (de 1850 à 1861).

INDICATIONS de la PLUIE, NEIGE, GRÊLE, GELÉE, BROUILLARD, ORAGE et TONNERRE, du CIEL SEREIN, NUAGEUX et COUVERT

Années : 1850

Mois	Pluie	Neige	Grêle	Gelée	Brouillard	Orag. et Tonn.	Serein	Nuageux	Couvert
Janvier	12	.	.	.	2	.	43	32	51
Février	4	.	.	.	3	2	57	16	41
Mars	6	3	1	.	1	3	78	15	31
Avril	12	.	.	.	2	2	39	44	37
Mai	6	.	.	.	1	2	55	40	29
Juin	13	.	.	.	.	2	59	42	20
Juillet	4	.	.	.	1	2	87	19	14
Août	4	.	.	.	.	3	61	28	9
Septembre	5	.	.	.	2	2	61	32	27
Octobre	15	.	.	.	1	3	57	33	37
Novembre	9	.	.	.	2	2	41	40	39
Décembre	4	.	1	.	2	1	65	34	24
Années	94	3	2	.	17	24	703	375	359

Années : 1851

Mois	Pluie	Neige	Grêle	Gelée	Brouillard	Orag. et Tonn.	Serein	Nuageux	Couvert
Janvier	5	.	.	.	3	.	56	35	33
Février	4	.	1	.	2	.	51	33	28
Mars	9	.	1	1	3	1	41	36	47
Avril	10	.	.	.	1	.	31	32	57
Mai	7	.	.	.	1	2	41	53	31
Juin	3	.	.	.	.	3	100	8	13
Juillet	4	.	.	.	1	3	98	17	9
Août	5	.	.	.	1	5	78	28	14
Septembre	12	.	.	.	1	10	53	31	36
Octobre	12	.	.	.	2	5	66	30	28
Novembre	25	.	1	.	2	7	22	21	79
Décembre	2	.	.	.	1	.	85	14	15
Années	98	.	3	.	18	36	722	338	390

Années : 1852

Mois	Pluie	Neige	Grêle	Gelée	Brouillard	Orag. et Tonn.	Serein	Nuageux	Couvert
Janvier	10	.	.	.	1	.	52	35	37
Février	9	.	1	.	2	.	36	29	45
Mars	11	1	1	.	2	1	63	34	33
Avril	9	.	1	.	2	2	49	38	34
Mai	6	.	.	.	2	.	43	56	25
Juin	2	.	.	.	.	.	81	34	6
Juillet	3	.	.	.	.	4	89	26	11
Août	6	.	.	.	2	6	85	21	20
Septembre	8	.	.	.	2	6	50	41	29
Octobre	9	.	.	.	1	3	39	52	32
Novembre	8	.	.	.	3	5	55	34	31
Décembre	7	.	.	.	3	1	65	24	45
Années	88	1	3	.	20	28	707	421	348

Années : 1853

Mois	Pluie	Neige	Grêle	Gelée	Brouillard	Orag. et Tonn.	Serein	Nuageux	Couvert
Janvier	19	.	.	.	3	.	34	55	35
Février	26	2	1	.	1	.	14	27	71
Mars	20	.	.	.	1	.	21	36	68
Avril	11	.	.	.	1	.	29	52	39
Mai	11	.	.	.	.	1	22	54	48
Juin	16	.	.	.	1	1	29	60	34
Juillet	1	.	.	.	.	.	96	14	11
Août	1	.	.	.	.	3	75	28	23
Septembre	5	.	.	.	1	1	53	45	24
Octobre	10	.	.	.	.	3	27	67	27
Novembre	12	.	1	.	3	2	93	47	40
Décembre	26	1	1	.	1	1	19	53	53
Années	152	3	3	.	12	12	512	538	473

Années : 1854

Mois	Pluie	Neige	Grêle	Gelée	Brouillard	Orag. et Tonn.	Serein	Nuageux	Couvert
Janvier	11	.	.	.	1	1	49	35	39
Février	4	.	.	.	1	.	72	19	21
Mars	4	.	.	.	1	.	94	22	25
Avril	5	.	.	.	2	.	66	24	30
Mai	11	.	.	.	1	1	39	43	41
Juin	6	.	.	.	.	.	47	46	27
Juillet	3	.	.	.	.	3	68	44	12
Août	2	.	.	.	1	2	61	56	7
Septembre	6	.	.	.	1	.	61	52	7
Octobre	7	.	1	.	1	2	45	51	25
Novembre	20	.	.	.	1	.	35	50	35
Décembre	15	.	.	.	3	.	47	51	26
Années	94	.	1	.	13	9	684	493	295

Années : 1855

Mois	Pluie	Neige	Grêle	Gelée	Brouillard	Orag. et Tonn.	Serein	Nuageux	Couvert
Janvier	8	.	.	.	2	.	52	28	14
Février	14	.	.	.	2	.	36	28	20
Mars	16	.	.	.	1	1	47	39	17
Avril	9	.	.	.	2	1	54	22	14
Mai	14	.	.	.	1	.	52	20	21
Juin	11	.	.	.	.	.	41	32	17
Juillet	.	.	.	.	.	6	68	11	14
Août	3	.	1	.	.	8	67	14	12
Septembre	11	.	.	.	1	6	32	43	15
Octobre	5	.	1	.	2	2	41	35	17
Novembre	18	.	.	1	1	2	28	41	21
Décembre	9	.	.	3	1	.	33	34	26
Années	118	.	2	3	13	26	551	347	208

Années : 1856

Mois	Pluie	Neige	Grêle	Gelée	Brouillard	Orag. et Tonn.	Serein	Nuageux	Couvert
Janvier	15	.	1	1	.	3	24	50	19
Février	10	.	.	1	.	.	32	29	24
Mars	9	.	.	1	.	.	35	36	22
Avril	14	.	.	.	.	1	38	39	13
Mai	12	.	.	.	.	1	48	33	12
Juin	1	.	.	.	.	2	64	26	1
Juillet	3	.	.	.	.	10	62	25	6
Août	4	.	.	.	.	11	42	39	12
Septembre	12	.	.	1	.	3	29	42	19
Octobre	6	.	.	.	.	2	34	45	14
Novembre	10	.	1	1	.	1	44	33	13
Décembre	17	.	1	.	.	4	28	50	20
Années	113	.	3	5	.		475		175

Années : 1857

Mois	Pluie	Neige	Grêle	Gelée	Brouillard	Orag. et Tonn.	Serein	Nuageux	Couvert
Janvier	18	.	1	.	3	3	23	40	51
Février	5	.	2	.	1	.	43	42	28
Mars	9	.	.	.	1	1	48	37	39
Avril	11	.	1	.	.	4	46	32	46
Mai	10	.	1	.	1	2	36	52	42
Juin	4	.	.	.	.	1	51	40	29
Juillet	3	.	.	.	.	.	81	35	8
Août	4	.	.	.	.	2	58	57	9
Septembre	10	.	.	.	.	7	45	50	25
Octobre	18	.	.	.	1	2	29	31	64
Novembre	7	.	.	.	1	.	51	55	24
Décembre	3	.	.	.	2	.	65	38	21
Années	102	.	5	.	10		576	509	386

Années : 1858

Mois	Pluie	Neige	Grêle	Gelée	Brouillard	Orag. et Tonn.	Serein	Nuageux	Couvert
Janvier	4	.	.	.	2	.	68	42	17
Février	13	.	.	.	3	.	28	20	64
Mars	10	.	.	.	.	.	39	45	40
Avril	9	.	.	.	3	.	42	38	40
Mai	9	.	.	.	2	.	46	55	22
Juin	5	.	.	.	.	2	66	42	14
Juillet	5	.	.	.	.	2	71	45	8
Août	6	.	.	.	1	4	36	72	16
Septembre	10	.	.	.	1	4	48	56	20
Octobre	14	.	.	.	2	3	41	43	42
Novembre	15	.	.	.	2	.	28	33	59
Décembre	8	.	.	.	1	.	54	33	37
Années	118	.	.	.	17	15	567	524	379

Années : 1859

Mois	Pluie	Neige	Grêle	Gelée	Brouillard	Orag. et Tonn.	Serein	Nuageux	Couvert
Janvier	2	.	.	.	1	.	71	26	27
Février	5	.	.	2	1	.	56	25	26
Mars	4	.	.	.	4	.	49	46	29
Avril	3	.	.	.	5	1	49	46	29
Mai	11	.	.	.	2	4	32	47	45
Juin	8	.	.	.	.	2	42	48	20
Juillet	2	.	.	.	.	3	88	33	3
Août	4	.	.	.	1	5	72	40	12
Septembre	6	.	.	.	2	2	60	50	14
Octobre	9	.	.	.	2	6	38	46	37
Novembre	7	.	.	.	3	2	34	30	36
Décembre	12	1	2	.	3	1	48	46	40
Années	73	1	2	2	24	26	639	483	328

Années : 1860

Mois	Pluie	Neige	Grêle	Gelée	Brouillard	Orag. et Tonn.	Serein	Nuageux	Couvert
Janvier	13	.	.	1	2	1	33	31	60
Février	12	.	1	.	.	2	43	34	39
Mars	9	2	2	.	1	.	27	50	48
Avril	21	.	.	.	1	2	17	33	70
Mai	7	.	.	.	1	2	44	62	18
Juin	3	.	.	.	.	1	65	32	28
Juillet	2	.	.	.	.	1	59	50	15
Août	2	.	.	.	.	2	81	30	13
Septembre	5	.	.	.	.	.	33	44	23
Octobre	7	.	.	.	.	1	39	51	34
Novembre	14	.	.	.	.	.	40	25	57
Décembre	16	1	2	2	3	.	23	52	49
Années	111	3	5	3	8	12	524	494	454

B.

VENTS EN PARTICULIER A ROME (de 1850 à 1861).

INDICATIONS de leur DIRECTION, de leur FRÉQUENCE et du CALME.

Années : 1850	N	NE	E	SE	S	SO	O	NO
Janvier	74	15	13	8	8	2	2	0
Février	51	2	4	4	19	16	13	3
Mars	39	8	7	1	18	17	31	6
Avril	25	9	3	0	44	11	20	6
Mai	24	2	5	2	34	19	32	6
Juin	25	6	4	7	39	19	21	0
Juillet	27	5	8	1	36	26	21	0
Août	33	4	3	4	29	16	31	2
Septembre	49	7	3	1	26	10	20	5
Octobre	35	3	9	2	37	12	16	6
Novembre	56	0	10	5	29	13	9	2
Décembre	84	6	1	0	18	8	6	1
Années :	524	67	70	35	337	167	222	37

Années : 1851	N	NE	E	SE	S	SO	O	NO	Calme
Janvier	54	10	18	1	9	3	5	0	24
Février	59	3	7	4	17	2	5	1	12
Mars	36	2	5	1	38	6	14	0	23
Avril	21	1	3	3	34	18	22	0	20
Mai	24	3	4	4	47	5	29	1	7
Juin	31	1	3	1	23	11	28	3	19
Juillet	16	1	2	1	49	22	20	1	27
Août	38	0	3	0	23	16	22	4	17
Septembre	27	1	11	5	35	4	15	1	21
Octobre	30	2	8	3	37	6	11	1	26
Novembre	27	1	14	4	30	10	12	5	15
Décembre	80	8	6	0	1	0	1	1	27
Années :	443	33	84	27	343	103	184	18	238

Années : 1852	N	NE	E	SE	S	SO	O	NO	Calme
Janvier	49	3	6	1	21	2	2	0	41
Février	34	11	6	2	20	6	5	1	31
Mars	49	5	9	8	20	5	8	0	25
Avril	33	2	2	0	16	11	29	1	26
Mai	17	1	3	5	30	10	15	1	19
Juin	1	0	0	2	11	10	37	0	60
Juillet	18	1	3	0	15	15	23	0	37
Août	24	1	0	1	45	8	23	1	21
Septembre	20	9	6	4	47	5	12	0	24
Octobre	28	1	4	2	48	9	6	0	25
Novembre	25	0	5	4	29	7	4	0	46
Décembre	50	2	6	4	13	2	1	0	34
Années :	348	36	50	35	315	90	165	4	389

Années : 1853	N	NE	E	SE	S	SO	O	NO	Calme
Janvier	28	0	7	6	12	4	3	0	58
Février	18	1	15	2	31	4	11	4	25
Mars	22	1	3	3	34	8	11	3	27
Avril	21	1	4	1	33	8	16	1	35
Mai	6	1	4	1	36	6	25	0	45
Juin	6	2	3	0	32	19	18	0	39
Juillet	13	5	0	1	31	21	20	1	31
Août	28	3	1	0	25	12	26	2	26
Septembre	40	3	1	1	23	11	15	1	25
Octobre	28	2	0	0	42	5	9	2	38
Novembre	60	10	4	0	13	1	5	4	16
Décembre	59	2	13	2	22	5	4	1	15
Années :	329	31	55	17	332	104	163	19	380

Années : 1854	N	NE	E	SE	S	SO	O	NO	Calme
Janvier	52	5	10	0	27	3	7	1	23
Février	64	3	1	1	4	3	7	0	29
Mars	62	6	2	0	7	11	12	4	17
Avril	19	2	1	3	25	22	23	1	24
Mai	16	6	4	2	37	22	12	1	23
Juin	10	0	1	1	35	18	23	3	28
Juillet	29	6	0	1	30	15	21	6	16
Août	31	3	3	2	31	14	18	1	19
Septembre	40	3	3	0	15	6	24	1	28
Octobre	16	2	10	0	31	8	13	2	18
Novembre	..	.	..	.	..	.	..	.	..
Décembre	..	.	..	.	..	.	..	.	..
Années :	339	36	35		242	122	170	20	225

Années : 1855	N	NE	E	SE	S	SO	O	NO
Janvier	13	36	15	4	7	5	11	2
Février	6	8	14	8	25	13	7	4
Mars	7	11	12	7	29	7	8	1
Avril	7	6	34	3	17	9	11	3
Mai	9	13	23	4	28	5	12	0
Juin	5	11	23	1	24	11	12	4
Juillet	11	6	13	3	25	10	4	1
Août	6	11	10	6	24	16	13	8
Septembre	7	10	27	3	29	7	7	0
Octobre	7	5	23	6	26	17	7	2
Novembre	10	18	38	2	13	2	1	6
Décembre	20	31	29	0	4	1	4	2
Années :	108	167	261	47	251	103	97	33

Années : 1856	N	NE	E	SE	S	SO	O	NO
Janvier	15	20	27	7	29	10	7	5
Février	11	30	34	2	16	10	7	4
Mars	25	21	28	9	19	10	8	3
Avril	5	8	29	12	23	24	13	6
Mai	8	9	20	9	38	30	7	3
Juin	11	11	11	1	17	35	8	5
Juillet	6	8	13	0	20	39	5	0
Août	8	13	9	0	29	28	34	2
Septembre	12	18	16	6	33	17	13	4
Octobre	29	27	14	1	19	16	12	6
Novembre	32	32	18	1	15	14	6	2
Décembre	24	44	17	5	11	10	8	5
Années :	186	241	236	53	269	231	128	45

Années : 1857	N	NE	E	SE	S	SO	O	NO
Janvier	11	52	32	4	15	4	4	2
Février	19	19	38	1	15	5	11	4
Mars	26	13	27	7	28	10	11	2
Avril	3	16	14	11	28	27	14	6
Mai	7	27	20	5	15	36	12	6
Juin	10	35	15	5	19	27	7	4
Juillet	9	18	9	4	18	49	16	2
Août	19	23	9	3	16	48	5	1
Septembre	15	18	14	10	18	31	9	5
Octobre	20	21	22	13	16	20	8	8
Novembre	29	37	26	0	9	10	5	4
Décembre	30	73	15	0	0	0	3	2
Années :	200	352	241	63	197	267	105	46

Années : 1858	N	NE	E	SE	S	SO	O	NO
Janvier	27	64	20	0	3	3	4	2
Février	17	42	28	3	2	1	11	2
Mars	7	20	11	5	24	39	13	7
Avril	8	24	22	5	23	26	9	2
Mai	10	12	23	6	18	34	15	6
Juin	10	27	22	2	16	29	9	3
Juillet	3	17	19	3	27	40	10	5
Août	4	21	16	8	19	34	17	1
Septembre	5	24	21	10	12	29	17	5
Octobre	9	30	32	12	17	14	10	1
Novembre	21	35	16	8	17	16	8	2
Décembre	16	68	22	4	7	4	2	2
Années :	137	384	252	66	165	269	125	38

Années : 1859	N	NE	E	SE	S	SO	O	NO
Janvier	21	63	19	1	7	2	2	7
Février	12	40	25	1	10	11	5	2
Mars	12	27	25	14	15	24	17	5
Avril	9	12	12	14	28	25	15	5
Mai	8	21	13	8	14	29	28	2
Juin	4	17	11	3	16	28	42	4
Juillet	16	26	10	4	4	18	34	9
Août	21	29	6	1	9	26	24	8
Septembre	22	20	6	3	16	19	28	3
Octobre	6	15	7	4	19	25	39	5
Novembre	23	43	15	7	11	11	10	2
Décembre	26	48	8	4	14	18	11	1
Années :	180	361	157	54	163	236	255	33

Années : 1860	N	NE	E	SE	S	SO	O	NO
Janvier	20	39	15	9	13	14	11	1
Février	33	22	18	12	13	9	11	3
Mars	38	8	15	2	23	6	28	3
Avril	17	4	21	5	36	4	32	0
Mai	26	17	13	1	26	5	39	1
Juin	13	12	11	4	33	9	37	0
Juillet	19	12	8	3	36	11	34	2
Août	22	7	3	0	55	16	20	0
Septembre	26	1	5	2	41	23	17	2
Octobre	43	10	4	1	27	9	19	4
Novembre	39	18	5	4	38	5	3	3
Décembre	41	16	10	5	24	9	10	3
Années :	337	166	128	48	365	120	259	22

VENTS EN PARTICULIER, EN GÉNÉRAL EN RAPPORT AVEC LA PATHOGÉNIE

INDICATIONS DE LA FORCE PAR MOIS

Années	1853								1854							
Indications:	Anémomètre Force moyenne de chaque Vent								Anémomètre Force moyenne de chaque Vent							
MOIS	N	NE	E	SE	S	SO	O	NO	N	NE	E	SE	S	SO	O	NO
Janvier	1.4	0.0	0.6	1.0	1.1	0.7	1.0	0.0	1.3	0.5	1.4	0.0	2.1	2.7	1.6	0.1
Février	1.8	0.6	1.4	0.5	1.6	2.0	3.0	1.2	1.8	0.6	0.1	0.2	0.7	1.7	0.9	0.0
Mars	1.7	0.2	0.8	1.7	4.8	3.4	1.4	0.9	1.1	1.2	0.4	0.2	1.7	0.7	0.5	0.2
Avril	1.5	0.3	0.9	0.1	2.1	1.5	1.6	0.4	1.0	0.1	0.1	0.6	1.1	1.3	1.2	0.1
Mai	0.6	0.4	1.0	0.5	1.7	1.3	1.2	0.0	1.8	0.6	0.8	0.5	1.4	1.4	0.9	0.2
Juin	1.2	0.6	0.6	0.0	1.6	1.3	1.4	0.0	0.4	0.0	0.1	0.8	1.5	2.7	1.4	0.4
Juillet	0.8	0.3	0.0	0.1	1.1	1.1	1.2	0.4	1.1	0.4	0.0	0.1	1.2	1.2	1.1	0.2
Août	1.6	0.5	0.5	0.0	1.8	0.9	1.0	0.1	1.6	0.2	0.6	0.4	1.6	1.5	1.4	0.1
Septembre	1.6	1.0	0.5	0.4	1.3	0.9	1.9	0.1	2.4	0.3	1.4	0.0	1.5	0.9	1.3	0.6
Octobre	1.5	0.4	0.0	0.0	2.2	1.9	1.0	0.2	0.7	0.5	1.4	0.0	1.8	0.5	0.8	0.4
Novembre	1.2	0.7	1.6	0.0	1.2	0.2	0.5	0.2	0.9	0.4	1.2	0.5	1.8	1.0	0.3	0.3
Décembre	1.3	0.8	2.0	0.4	1.2	1.8	0.9	0.1	1.5	0.3	0.6	0.8	1.8	1.3	0.3	0.3
Années:	1.3	0.3	0.8	0.3	1.8	1.4	1.3	0.3	1.3	0.4	0.6	0.3	1.5	1.4	0.9	0.2

Années	1858								1859								1860							
Indications:	Anémomètre Force moyenne de chaque Vent								Anémomètre Force moyenne de chaque Vent								Anémomètre Force moyenne de chaque Vent							
MOIS	N	NE	E	SE	S	SO	O	NO	N	NE	E	SE	S	SO	O	NO	N	NE	E	SE	S	SO	O	NO
Janvier	1.8	1.5	0.9	0.0	1.0	0.7	0.0	0.5	0.9	1.1	0.9	1.2	0.4	0.2	0.2	0.5	3.7	1.2	2.0	4.8	2.4	4.0	5.0	0.0
Février	0.0	0.9	1.1	1.5	0.4	0.2	0.4	0.2	1.5	1.2	1.2	0.2	1.0	2.1	0.4	0.5	6.9	4.0	4.0	2.7	4.2	4.0	2.3	2.0
Mars	0.9	1.3	0.7	0.4	0.7	1.0	0.7	0.1	3.8	2.7	4.0	0.2	3.1	2.5	1.3	1.1	3.3	5.0	3.6	2.0	4.9	2.8	4.5	3.0
Avril	0.7	1.3	0.7	1.7	1.2	0.9	0.6	0.5	2.5	3.8	2.4	2.5	3.9	2.6	1.6	2.0	4.2	2.1	3.0	2.6	5.2	4.0	3.8	0.0
Mai	1.0	1.0	1.1	0.8	1.5	1.0	0.7	0.5	2.2	2.7	2.8	1.6	3.2	3.3	2.1	1.0	1.2	0.7	1.4	0.5	5.0	1.2	2.7	0.4
Juin	0.7	0.8	0.7	0.1	0.8	0.7	0.5	0.5	2.1	2.4	1.5	0.5	2.8	3.8	3.1	0.0	1.8	0.2	3.2	2.5	4.6	2.5	5.0	0.0
Juillet	0.7	1.0	1.7	0.4	1.4	1.1	1.0	0.2	2.8	3.0	3.2	1.3	0.2	1.6	2.1	0.7	4.5	0.5	4.6	2.6	6.0	5.1	1.6	2.4
Août	0.4	0.9	1.4	0.5	0.9	0.5	0.7	0.5	3.9	2.4	0.8	0.5	1.5	1.6	1.3	0.4	1.6	0.1	0.2	0.0	3.0	4.0	3.1	0.0
Septembre	0.6	0.4	0.8	0.6	0.6	0.7	0.7	0.5	0.8	2.7	1.7	0.0	3.5	1.7	1.1	0.5	5.1	0.4	0.5	1.1	0.9	3.3	3.0	0.4
Octobre	1.1	1.1	0.8	1.0	0.9	1.0	0.5	0.2	1.0	0.6	0.4	2.5	5.4	2.0	4.3	0.1	6.8	1.7	0.8	0.9	5.5	6.3	0.8	1.2
Novembre	1.2	1.0	0.9	1.1	1.2	0.5	0.7	0.2	4.2	2.6	2.7	1.5	1.9	2.3	0.1	0.2	8.1	0.9	1.0	0.6	4.3	0.8	0.4	2.4
Décembre	0.2	1.0	1.2	0.9	1.5	0.4	0.5	0.5	1.9	1.1	1.0	1.4	4.8	3.9	0.8	0.0	10.0	1.3	2.0	0.5	3.2	0.6	0.9	3.2
Années:	0.9	1.0	1.0	0.7	1.0	0.7	0.5	0.3	2.5	2.1	1.9	1.0	2.6	2.2	1.2	0.3	4.7	1.4	2.1	1.7	3.7	3.2	2.7	4.6

DIRECTION MOYENNE EN COMPTANT LES DEGRÉS du N à l'E, et FORCE MOYENNE EN MILLE GÉOGRAPHIQUE DE 1853 MÈTRES.

Années	1853			1854			1858			1859			1860		
Indications:	Anémomètre		Hôpital Civil Sto Spirito	Anémomètre		Hôpital Civil Sto Spirito	Anémomètre		Hôpital Civil Sto Spirito	Anémomètre		Hôpital Civil Sto Spirito	Anémomètre		Hôpital Civil Sto Spirito
MOIS	Direction moyenne	Force moyenne		Direction moyenne	Force moyenne		Direction moyenne	Force moyenne		Direction moyenne	Force moyenne		Direction moyenne	Force moyenne	
Janvier	116°	0.6	951	124°	1.0	1402	52°	1.2	1534	32°	1.9	1610	136°	3.3	961
Février	110	1.5	833	45	1.1	1269	79	0.9	1948	82	1.2	1025	88	4.9	911
Mars	156	1.2	855	177	1.0	1543	149	0.8	1507	130	3.1	927	129	5.0	880
Avril	159	1.3	659	198	0.9	1285	151	1.0	971	181	4.1	814	151	5.7	778
Mai	199	1.1	517	184	1.2	1104	143	1.1	897	174	2.9	669	174	3.5	697
Juin	201	1.2	407	211	1.2	668	107	0.9	801	206	2.6	476	194	4.5	678
Juillet	206	1.2	752	192	1.2	1007	175	1.1	1614	120	1.9	875	179	4.5	1431
Août	158	1.2	2368	164	1.3	387	180	0.8	1690	157	3.0	1425	198	3.7	2021
Septembre	138	1.3	2451	125	1.3	494	195	0.6	1518	148	1.9	1200	150	3.9	2275
Octobre	157	1.4	2170	168	1.0	980	126	1.0	1337	196	2.5	1140	160	3.6	2363
Novembre	49	0.9	2090	......	....	1158	126	1.0	1746	69	3.0	1499	75	5.4	2119
Décembre	88	1.2	1743	......	....	1104	69	1.1	1253	147	2.7	1177	50	5.7	1768
Années:	153	1.2	15796	......	....	12401	107	0.9	16,816	137	2.7	12,837	140	4.5	16882

HUMIDITÉ ABSOLUE de l'AIR à ROME (de 1853 à 1861).

HAUTEURS MOYENNES PSYCHROMÉTRIQUES PAR HEURES

Années:	1853				1854				1855				1856			
Indications:	Psychromètre Hauteurs horaires				Psychromètre Hauteurs horaires				Psychromètre Hauteurs horaires				Psychromètre Hauteurs horaires			
MOIS	7ʰ m	midi	3ʰ s.	9ʰ s.	7ʰ m	midi	3ʰ s.	9ʰ s.	7ʰ m	midi	3ʰ s.	9ʰ s.	7ʰ m	midi	3ʰ s.	9ʰ s.
Janvier	5.8	7.8	7.1	7.1	5.8	6.2	6.9	6.8	4.7		5.7	5.8	7.8	8.0	9.1	8.3
Février	5.6	6.4	6.7	6.1	5.0	4.4	4.0	4.9	8.3		8.2	7.9	6.0	6.1	6.5	7.0
Mars	6.1	6.1	5.8	5.7	4.9	5.3	5.2	5.7	7.6		7.7	7.7	5.8	6.5	5.6	6.6
Avril	7.7	7.4	7.6	8.2	7.5	6.2	6.7	7.9	8.2		8.3	8.4	9.4	8.8	9.0	9.5
Mai	10.9	10.7	10.5	10.7	11.0	9.2	10.2	10.8	9.9		9.9	9.8	10.1	10.2	6.9	10.5
Juin	12.7	12.6	12.0	13.6	12.3	12.6	12.1	12.2	13.2		12.7	13.1	13.0	...	13.4	13.0
Juillet	13.8	13.4	12.0	15.3	13.9	12.8	13.5	14.3	16.4	...	14.9	15.8	14.0	...	15.2	16.2
Août	12.3	13.0	14.6	15.4	12.2	12.2	13.0	14.3	13.3	...	12.8	14.7	13.6	14.2	12.7	15.5
Septembre	11.2	10.3	11.1	12.1	9.2	9.9	9.7	10.4	13.2	13.4	11.0	13.9	13.0	11.9	11.7	12.8
Octobre	10.7	12.2	11.5	11.2	9.8	9.3	10.0	11.3	11.2	12.4	12.7	13.0	9.5	10.5	12.6	10.8
Novembre	7.2	8.6	8.7	8.2	6.3	...	7.8	7.4	8.6	9.0	9.3	8.9	5.9	6.1	6.4	6.2
Décembre	6.4	7.1	8.0	7.0	6.0		6.7	6.4	5.2	6.0	6.1	5.6	5.6	6.9	7.1	6.2
Années:	9.2	9.6	9.6	10.0	8.7	...	9.0	9.4	8.4	...	10.0	10.2	9.4	...	9.7	10.2

Années:	1857				1858				1859				1860			
Indications:	Psychromètre Hauteurs horaires				Psychromètre Hauteurs horaires				Psychromètre Hauteurs horaires				Psychromètre Hauteurs horaires			
MOIS	7ʰ m	midi	3ʰ s.	9ʰ s.	7ʰ m	midi	3ʰ s.	9ʰ s.	7ʰ m	midi	3ʰ s.	9ʰ s.	7ʰ m	midi	3ʰ s.	9ʰ s.
Janvier	5.4	6.0	6.4	5.5	4.1	4.5	4.7	4.4	4.6	2.6	5.5	5.2	6.2	6.5	6.7	6.6
Février	5.2	5.6	5.9	5.9	5.1	5.8	6.1	5.8	5.7	7.2	6.6	6.7	6.5	5.5	4.5	5.1
Mars	6.1	6.5	6.8	6.5	6.5	5.8	6.5	7.0	6.5	7.5	8.1	6.8	5.9	6.3	6.2	6.2
Avril	8.0	8.7	9.3	8.3	8.3	8.3	9.4	8.9	9.5	6.5	8.8	8.8	6.1	8.2	8.3	8.3
Mai	11.6	10.2	9.3	10.3	9.8	9.0	9.6	9.7	10.3	10.2	10.9	10.5	10.7	11.5	12.0	11.8
Juin	11.2	10.0	11.7	10.5	13.0	12.6	12.5	13.4	12.4	13.0	12.3	13.2	11.5	12.3	12.8	11.9
Juillet	13.2	12.9	12.9	15.3	14.0	12.7	13.1	14.0	13.6	12.7	13.3	14.5	13.0	13.0	13.1	14.8
Août	12.3	11.8	13.5	13.1	13.9	13.6	13.4	14.2	13.9	13.3	13.5	15.2	18.6	12.6	12.6	14.0
Septembre	12.2	12.4	12.9	13.5	12.1	13.1	13.5	14.0	11.7	11.6	11.5	12.8	12.7	13.5	13.8	14.3
Octobre	11.3	11.8	11.6	12.0	9.8	12.5	12.4	10.7	11.6	11.8	12.2	12.2	9.3	10.8	10.5	10.0
Novembre	6.9	7.6	5.5	8.0	7.4	8.5	8.4	8.1	7.6	8.5	9.5	7.3	7.5	8.7	8.8	8.0
Décembre	5.3	6.2	7.1	6.3	6.0	6.8	7.5	6.6	5.1	7.2	6.0	4.1	6.0	7.3	6.9	5.1
Années:	9.0	9.1	9.3	9.9	9.1	9.4	9.5	9.7	9.4	9.4	9.8	9.6	9.6	9.6	9.6	9.6

HUMIDITÉ RELATIVE DE L'AIR A ROME (de 1850 à 1861).

HAUTEURS MOYENNES HYGROMÉTRIQUES et PSYCHROMÉTRIQUES PAR HEURES; MAXIMA et MINIMA, LEUR DATE PAR MOIS.

Années 1850 — Hygromètre

Indications (Mois)	Heures 7h m.	midi	3h s.	9h s.	Maxima	Date	Minima	Date
Janvier	21	30	31	26	59		4	
Février	23	37	45	29	73		7	
Mars	23	47	53	29	79		8	
Avril	13	34	35	15	58		7	
Mai	17	31	35	23	57		6	
Juin	12	28	26	12	46		1	
Juillet	10	34	35	16	53		1	
Août	18	28	28	11	52		0	
Septembre	19	34	32	16	54		0	
Octobre	14	26	28	17	51		0	
Novembre	14	22	23	19	51		0	
Décembre	19	24	31	17	57		0	
Années	13	31	33	17	..		.	

Années 1851 — Hygromètre

Indications (Mois)	Heures 7h m.	midi	3h s.	9h s.	Maxima	Date	Minima	Date
Janvier	16	35	43	25	66		0	
Février	30	52	58	14	74		6	
Mars	34	57	56	43	83		13	
Avril	26	52	42	30	91		6	
Mai	18	44	47	21	75		11	
Juin	28	63	64	33	84		13	
Juillet	28	58	59	33	86		10	
Août	20	50	53	29	72		9	
Septembre	23	49	52	38	77		9	
Octobre	30	55	56	33	81		15	
Novembre	12	26	28	17	62		0	
Décembre	11	20	29	14	39		1	
Années	23	46	49	28	..		.	

Années 1852 — Hygromètre

Indications (Mois)	Heures 7h m.	midi	3h s.	9h s.	Maxima	Date	Minima	Date
Janvier	13	21	30	15	49	19	6	3
Février	14	25	29	18	48	19	8	12
Mars	17	25	26	16	56	9	9	3
Avril	16	33	31	18	52	29	11	3
Mai	17	34	32	21	56	9	11	4
Juin	17	38	35	20	46	17	11	10
Juillet	20	39	40	25	68	29	13	2
Août	66	46	48	65	74	26	34	17
Septembre	73	58	58	73	76	21	49	5
Octobre	75	62	61	72	84	31	41	20
Novembre	58	62	60	75	88	3	44	18
Décembre	79	66	60	75	88	13	50	19
Années	40	42	42	41	88		6	

Années 1853 — Hygromètre

Indications (Mois)	Heures 7h m.	midi	3h s.	9h s.	Maxima	Date	Minima	Date
Janvier	84	70	66	82	100	13	48	20
Février	75	71	75	79	100	4	34	26
Mars	80	51	60	70	100	28	30	8
Avril	86	57	61	78	97	7	31	11
Mai	83	57	57	78	98	2	27	24
Juin	79	66	62	83	96	3	47	21
Juillet	75	43	40	72	92	28	25	19
Août	78	45	45	73	97	15	24	11
Septembre	76	47	49	73	95	1	25	27
Octobre	87	63	64	86	100	2	40	5
Novembre	87	66	64	80	99	14	47	10
Décembre	85	75	77	82	100	23	48	2
Années	81	59	60	78			24	

Années 1854 — Psychromètre

Indications (Mois)	Heures 7h m.	midi	3h s.	9h s.	Maxima	Date	Minima	Date
Janvier	85	69	67	81	98	1	27	29
Février	83	50	46	74	100	7	19	7
Mars	78	47	47	71	98	10	29	3
Avril	78	45	48	75	98	11	25	14
Mai	83	56	57	80	99	4	33	10
Juin	79	51	52	75	89	13	29	20
Juillet	73	44	48	72	87	11	25	11
Août	69	43	45	69	92	17	29	29
Septembre	73	46	43	70	97	1	28	17
Octobre	83	57	53	84	100		28	2
Novembre	75	..	74	83	100		33	7
Décembre	88	..	69	84	100		35	25
Année	78	56	54	69			19	

Années 1855 — Psychromètre

Indications (Mois)	Heures 7h m.	midi	3h s.	9h s.	Maxima	Date	Minima	Date
Janvier	86		65	80	100		30	15
Février	90		68	86	100		48	8
Mars	91		67	80	100		40	15
Avril	80		56	73	100		34	26
Mai	78		60	78	100		33	30
Juin	79		61	79	100		27	15
Juillet	74	42	55	72	94	8	22	10
Août	74	44	45	68	98	20	23	6
Septembre	81	57	61	82	96	25	38	26
Octobre	86	59	63	83	92	24	45	20
Novembre	88	72	74	84	100	24	53	13
Décembre	87	69	67	83	100		33	15
Année	82	..	62	78			22	

Années 1856 — Psychromètre

Indications (Mois)	Heures 7h m.	midi	3h s.	9h s.	Maxima	Date	Minima	Date
Janvier	87	73	74	98	100		47	28
Février	82	66	60	75	100		25	28
Mars	78	49	64	75	100		30	31
Avril	84	57	60	83	100		34	13
Mai	83	63	64	82	100		40	28
Juin	77	..	56	77	98	21	36	9
Juillet	73	..	54	82	93	20	26	4
Août	74	43	43	71	96	16	24	13
Septembre	80	56	57	78	100		24	4
Octobre	85	56	62	80	100		32	26
Novembre	81	65	65	76	95	28	35	8
Décembre	88	78	74	86	100		48	3
Année	82	..	61	79			24	

Années 1857 — Psychromètre

Indications (Mois)	Heures 7h m.	midi	3h s.	9h s.	Maxima	Date	Minima	Date
Janvier	84	78	70	81	97	24	42	3
Février	85	55	57	73	100		32	14
Mars	80	54	56	69	98	20	17	13
Avril	76	55	60	75	98	10	27	22
Mai	78	54	53	78	96	16	39	15
Juin	68	41	52	65	86	22	28	27
Juillet	68	42	43	68	96	1	27	6
Août	69	41	42	63	88	10	25	2
Septembre	77	55	58	79	100	29	29	30
Octobre	86	69	67	84	100	27	44	31
Novembre	87	66	66	83	100		33	12
Décembre	86	67	71	84	100		32	29
Année	78	56	73	75	.		17	

Années 1858 — Psychromètre

Indications (Mois)	Heures 7h m.	midi	3h s.	9h s.	Maxima	Date	Minima	Date
Janvier	78	64	57	70	96	4	25	22
Février	84	64	64	80	100	7	22	3
Mars	85	56	57	77	99	3	20	16
Avril	79	52	56	78	100		22	16
Mai	74	53	54	76	94	16	29	5
Juin	71	44	49	72	100		29	7
Juillet	69	44	48	69	90	28	30	5
Août	74	53	55	75	100	31	29	4
Septembre	83	57	61	85	98	24	37	5
Octobre	87	66	69	85	100		42	16
Novembre	88	73	77	86	100		40	6
Décembre	87	70	73	84	100		33	19
Année	80	57	60	78			20	

Années 1859 — Psychromètre

Indications (Mois)	Heures 7h m.	midi	3h s.	9h s.	Maxima	Date	Minima	Date
Janvier	80	63	62	78	97	22	23	7
Février	84	65	63	80	100		27	20
Mars	84	61	62	84	100		25	10
Avril	85	57	58	79	100		21	3
Mai	83	56	61	80	100		30	3
Juin	74	52	55	80	98	5	32	25
Juillet	62	38	42	67	100		15	17
Août	71	42	45	68	100	30	22	13
Septembre	81	52	54	75	100		28	12
Octobre	87	66	64	85	100		41	3
Novembre	82	66	67	83	100		33	11
Décembre	85	67	68	79	100		30	21
Année	79	57	58	78			21	

Années 1860 — Psychromètre

Indications (Mois)	Heures 7h m.	midi	3h s.	9h s.	Maxima	Date	Minima	Date
Janvier	88	72	71	79	100		30	8
Février	78	60	58	72	100		20	28
Mars	81	53	53	71	96	8	16	7
Avril	82	63	61	76	98	4	19	26
Mai	78	60	62	83	98	10	44	5
Juin	72	48	49	68	83	9	27	6
Juillet	71	51	51	68	88	8	21	3
Août	72	47	51	75	89	18	29	19
Septembre	79	55	56	73	100		41	3
Octobre	84	60	59	77	100		44	11
Novembre	81	66	65	77	100		15	19
Décembre	80	70	71	82	100	6	35	30
Année	80	58	59	74			19	

PESANTEUR de l'ATMOSPHÈRE à ROME (de 1850 à 1861).

HAUTEURS MOYENNES BAROMÉTRIQUES PAR HEURES ; MAXIMA ET MINIMA, LEUR DATE PAR MOIS.

Années : 1850 — Baromètre en millimètres

Indications (Mois)	Heures 7h m.	midi	3h s.	9h s.	Maxima	Date	Minima	Date
Janvier	755.0	754.6	755.7	756.9	772.4	23	742.4	17
Février	62.3	60.6	59.4	64.5	72.4	1	38.3	7
Mars	60.0	61.0	59.6	63.5	71.3	2	41.3	24
Avril	54.9	55.2	54.7	55.7	61.1	20	43.5	22
Mai	56.0	56.1	55.7	56.3	61.8	5	49.8	17
Juin	57.8	58.2	57.7	58.7	61.8	1	53.9	4
Juillet	57.8	57.6	57.1	58.3	61.6	4	53.4	20
Août	58.4	58.4	58.0	58.7	61.7	23	55.2	13
Septembre	59.7	59.8	58.8	59.9	64.7	3	54.6	25
Octobre	53.7	54.1	53.9	53.9	64.0	16	39.2	24
Novembre	58.8	58.7	58.5	58.5	66.3	11	47.6	21
Décembre	61.9	62.2	61.8	62.7	69.0	12	48.0	20
Années	58.0	57.2	57.5	58.9	772.4	23 Janvier	738.3	7 Février

Années : 1851 — Baromètre en millimètres

Indications (Mois)	Heures 7h m.	midi	3h s.	9h s.	Maxima	Date	Minima	Date
Janvier	760.8	760.7	760.0	760.9	770.4	3	754.3	26
Février	58.5	58.4	58.4	58.8	68.6	18	51.6	21
Mars	57.5	57.5	57.0	56.7	64.7	29	42.8	7
Avril	57.3	57.5	57.0	58.0	67.2	2	51.6	5
Mai	58.0	58.2	57.9	58.6	66.5	21	53.4	8
Juin	61.8	61.8	60.5	61.2	70.1	20	60.4	7
Juillet	57.2	57.3	56.8	58.4	65.4	21	55.7	1
Août	58.0	58.4	57.9	59.8	65.4	26	52.7	29
Septembre	59.9	59.8	59.8	60.4	70.8	11	53.0	4
Octobre	58.6	58.2	58.4	58.9	71.5	12	51.2	30
Novembre	56.7	56.8	56.7	57.0	66.3	13	48.5	16
Décembre	65.2	65.2	54.7	65.4	71.7	15	55.0	27
Années	59.1	59.6	57.9	59.4	771.7	15 Décembre	742.8	7 mars

Années : 1852 — Baromètre en millimètres

Indications (Mois)	Heures 7h m.	midi	3h s.	9h s.	Maxima	Date	Minima	Date
Janvier	763.1	763.4	762.1	768.0	761.3	16	753.7	29
Février	57.7	56.4	55.5	56.4	64.9	8	44.9	19
Mars	58.2	58.0	57.6	57.9	71.9	7	46.9	26
Avril	56.6	56.4	56.0	56.9	66.1	13	46.4	18
Mai	58.7	58.7	58.4	59.3	65.2	13	49.4	2
Juin	58.2	58.2	57.9	58.6	62.7	1	51.4	15
Juillet	57.6	57.5	57.1	57.9	61.5	15	50.3	28
Août	58.3	58.3	58.3	58.3	63.8	27	51.9	4
Septembre	57.3	57.7	57.3	58.0	59.5	16	55.7	11
Octobre	58.0	57.7	57.3	58.2	64.0	1	49.4	26
Novembre	55.7	55.9	55.5	56.1	67.0	8	38.1	23
Décembre	55.9	56.1	69.0	70.4	67.2	20	49.6	16
Années	58.0	57.8	58.4	58.9	771.9	7 mars	738.1	23 novembre

Années : 1853 — Baromètre en millimètres

Indications (Mois)	Heures 7h m.	midi	3h s.	9h s.	Maxima	Date	Minima	Date
Janvier	757.3	758.0	755.2	758.1	767.4	1	745.8	22
Février	45.5	45.4	44.4	44.6	58.6	27	35.6	19
Mars	52.9	53.3	52.7	53.5	64.7	12	39.9	19
Avril	55.3	55.3	55.0	55.6	62.2	6	46.0	14
Mai	56.3	56.5	56.5	57.3	69.7	10	48.0	7
Juin	57.5	56.7	56.2	56.7	66.0	28	53.9	3
Juillet	59.3	59.3	59.1	59.5	65.8	8	65.4	20
Août	58.6	58.7	57.6	59.1	64.7	21	55.9	18
Septembre	57.0	57.2	56.7	57.2	65.2	29	53.4	26
Octobre	58.6	58.5	58.2	58.8	67.4	24	48.0	18
Novembre	57.3	57.3	57.0	57.4	67.9	7	45.8	16
Décembre	52.8	53.0	51.9	53.1	61.8	4	41.7	15
Années	55.7	55.8	55.0	55.8	767.9	7 novembre	735.6	4 décembre

Années : 1854 — Baromètre en millimètres

Indications (Mois)	Heures 7h m.	midi	3h s.	9h s.	Maxima	Date	Minima	Date
Janvier	756.6	758.1	758.5	758.9	771.0	26	744.2	5
Février	58.5	58.7	59.5	60.4	69.7	28	42.2	19
Mars	64.1	64.0	62.5	63.8	73.5	9	51.6	22
Avril	62.6	61.5	61.0	60.6	71.3	6	48.7	23
Mai	57.3	57.5	57.6	57.7	63.6	8	49.1	13
Juin	59.8	59.8	60.6	61.0	65.6	22	54.8	6
Juillet	59.7	59.5	58.5	59.9	62.7	24	53.7	13
Août	61.3	61.3	61.0	61.5	66.3	30	55.2	11
Septembre	62.6	63.4	62.8	66.0	67.9	12	54.1	23
Octobre	60.5	58.4	58.9	59.8	66.5	29	53.7	20
Novembre	51.4	...	51.9	51.8	65.4	8	41.7	22
Décembre	55.6	...	54.4	54.1	64.5	30	42.8	19
Années	59.1	...	60.2	59.4	773.5	9 mars	741.7	22 novembre

Années : 1855 — Baromètre en millimètres

Indications (Mois)	Heures 7h m.	midi	3h s.	9h s.	Maxima	Date	Minima	Date
Janvier	757.6		757.7	757.9	771.0	8	744.4	28
Février	51.2		50.2	50.8	58.0	24	38.8	15
Mars	51.8		52.3	52.3	60.8	30	34.7	13
Avril	54.7		54.1	55.0	62.0	16	42.2	11
Mai	55.8		55.7	56.0	62.2	22	47.8	16
Juin	58.8	...	59.4	59.4	64.0	27	52.3	20
Juillet	59.0	757.0	59.4	59.2	64.7	2	55.7	21
Août	59.6	57.9	59.9	60.2	63.6	24	54.6	13
Septembre	59.5	59.5	59.7	60.2	70.4	8	55.5	5
Octobre	57.5	56.3	57.7	57.7	70.4	21	43.3	29
Novembre	55.3	55.5	55.4	55.8	61.6	5	48.9	28
Décembre	54.5	53.9	54.4	54.7	67.2	29	70.4	3
Années	57.1	...	56.3	57.4	771.0	8 Janvier	734.7	13 Février

Années : 185[illegible] — Baromètre en millimètres

Indications (Mois)	Heures 7h m.	midi	3h s.	9h s.	Maxima	Date	Minima	Date
Janvier	753.0	754.5	753.7	753.2	763.8	14	737.9	8
Février	59.0	55.9	57.9	60.8	68.1	26	43.3	22
Mars	57.2	56.7	56.6	57.7	65.2	18	43.3	29
Avril	56.3	54.4	56.1	56.4	64.7	11	47.6	9
Mai	55.4	53.6	52.7	55.3	61.2	20	46.2	4
Juin	60.2	...	60.2	60.7	64.0	28	56.8	8
Juillet	58.4	...	57.4	68.9	62.5	30	54.3	21
Août	58.9	54.9	58.8	59.5	64.6	14	46.4	18
Septembre	58.4	54.9	68.4	59.1	63.7	18	53.4	8
Octobre	62.9	60.3	62.8	63.2	65.8	28	57.3	1
Novembre	54.8	84.9	54.9	55.0	64.7	2	43.8	30
Décembre	56.2	56.6	56.5	54.3	69.2	8	48.6	1
Années	57.7	56.9	58.4	58.4	769.2	8 Décembre	737.9	8 Janvier

Années : 1857 — Baromètre en millimètres

Indications (Mois)	Heures 7h m.	midi	3h s.	9h s.	Maxima	Date	Minima	Date
Janvier	748.9	747.7	743.0	748.9	760.1	11	732.7	13
Février	62.2	62.6	52.2	62.7	70.0	27	49.9	15
Mars	54.5	54.1	54.1	54.8	64.4	1	44.5	24
Avril	53.4	52.3	52.3	54.3	60.2	20	40.0	27
Mai	52.3	54.9	53.4	56.8	61.7	16	44.2	30
Juin	58.0	56.3	56.6	57.5	59.8	29	48.3	1
Juillet	* 60.0	57.9	60.6	61.1	63.1	14	53.6	3
Août	55.0	54.9	54.3	59.3	65.0	27	50.6	17
Septembre	57.6	57.8	57.4	57.8	67.3	17	53.2	5
Octobre	55.0	55.6	55.3	55.8	66.2	28	42.0	10
Novembre	59.2	62.8	58.9	59.6	68.1	20	46.0	27
Décembre	67.4	67.6	65.5	66.9	73.9	17	59.3	28
Années	56.4	56.9	55.8	56.9	773.9	17 Décembre	732.7	13 Janvier

Années : 1858 — Baromètre en millimètres

Indications (Mois)	Heures 7h m.	midi	3h s.	9h s.	Maxima	Date	Minima	Date
Janvier	761.4	762.5	762.3	763.4	771.3	1	748.7	22
Février	57.2	57.5	56.6	56.8	66.5	4	46.8	15
Mars	54.4	54.7	54.5	53.1	68.2	22	32.3	7
Avril	56.7	56.7	55.8	56.7	66.3	17	46.2	2
Mai	55.4	55.4	55.3	56.3	64.9	31	45.4	3
Juin	57.1	57.1	56.4	56.8	64.9	1	47.9	23
Juillet	55.4	55.2	54.8	55.5	59.7	4	47.6	30
Août	55.6	55.4	54.9	55.3	60.8	15	45.3	15
Septembre	59.1	59.7	58.5	59.1	65.1	20	52.5	9
Octobre	56.6	56.8	56.0	56.8	64.0	21	40.5	30
Novembre	54.4	54.6	54.2	54.5	66.4	15	41.5	15
Décembre	55.7	56.5	55.6	56.6	63.4	17	46.6	2
Années	56.6	56.9	56.3	56.5	771.3	1 Janvier	732.3	7 mars

Années : 1859 — Baromètre en millimètres

Indications (Mois)	Heures 7h m.	midi	3h s.	9h s.	Maxima	Date	Minima	Date
Janvier	766.8	762.5	766.1	766.6	771.9	11	753.8	1
Février	59.4	59.0	58.1	59.2	65.6	25	47.5	3
Mars	59.8	61.3	58.7	59.6	69.3	12	47.4	23
Avril	55.8	55.4	54.6	55.3	64.8	7	41.5	21
Mai	53.7	53.5	53.6	54.2	57.8	10	45.6	7
Juin	56.7	56.4	56.2	56.7	62.6	26	49.8	17
Juillet	58.8	58.5	58.1	58.7	62.7	20	51.9	26
Août	56.5	56.0	55.4	56.4	59.2	28	50.0	31
Septembre	57.3	57.3	56.8	57.1	63.8	27	45.5	17
Octobre	56.9	56.4	56.1	55.9	65.4	1	47.3	20
Novembre	58.8	58.4	57.6	58.7	66.0	6	48.0	30
Décembre	53.8	54.4	54.2	54.7	65.3	9	38.3	16
Années	57.6	57.5	56.9	58.1	771.9	11 Janvier	733.3	6 Décembre

Années : 1860 — Baromètre en millimètres

Indications (Mois)	Heures 7h m.	midi	3h s.	9h s.	Maxima	Date	Minima	Date
Janvier	758.0	757.9	758.3	758.9	770.4	9	741.9	31
Février	52.1	52.9	51.8	53.4	66.4	26	37.0	21
Mars	54.8	54.8	54.4	54.8	64.4	21	42.7	9
Avril	53.3	53.4	53.4	55.6	60.6	17	42.0	20
Mai	56.4	56.1	56.1	56.4	61.6	11	50.6	4
Juin	56.6	56.8	55.8	56.8	60.4	26	50.9	14
Juillet	55.0	54.7	54.3	55.1	60.8	3	49.6	13
Août	56.8	56.3	56.5	56.9	60.0	19	51.4	4
Septembre	57.5	57.5	57.1	57.4	62.9	30	50.5	20
Octobre	60.2	60.8	59.8	59.9	64.3	22	47.8	12
Novembre	55.4	55.5	54.8	56.1	63.0	21	43.0	7
Décembre	52.2	50.6	50.2	50.9	61.0	30	35.0	9
Années	55.9	56.1	56.0	56.3	770.4	9 Janvier	735.0	9 Décemb.

* En Juillet 1857, commence le Baromètre corrigé de la Température et de la capillarité ; avant il ne l'est pas.

TEMPÉRATURE de l'AIR à ROME (de 1850 à 1861).

HAUTEURS MOYENNES THERMOMETRIQUES PAR HEURES; MAXIMA ET MINIMA, LEUR DATE PAR MOIS.

Années 1850 — Thermomètre centigrade

Indications	7h m.	midi	3h s.	9h s.	Maxima	Date	Minima	Date
Janvier	2.62	6.41	7.31	4.29	14.0	9	-5.6	29
Février	5.06	11.08	12.47	8.35	17.4	19	-0.5	16
Mars	4.01	11.25	12.41	7.81	20.5	7	-1.7	20
Avril	10.41	16.50	16.69	12.59	21.5	8	+4.0	1
Mai	14.16	19.76	19.75	15.39	28.2	28	6.2	4
Juin	18.85	24.19	24.26	19.75	32.4	29	13.2	23
Juillet	20.39	27.30	27.20	22.76	36.7	16	13.1	12
Août	19.95	27.32	27.74	23.04	34.0	1	13.3	26
Septembre	14.80	22.95	23.14	18.21	28.4	1	7.9	11
Octobre	11.32	17.33	17.75	13.20	24.0	10	4.5	18
Novembre	8.80	14.50	14.75	11.41	19.9	4	0.6	16
Décembre	4.75	10.54	10.37	7.54	14.9	1	-1.7	30
Année	11.30	17.43	17.16	12.3	36.7	16 Juillet	-5.6	29 Janvier

Années 1851 — Thermomètre centigrade

Indications	7h m.	midi	3h s.	9h s.	Maxima	Date	Minima	Date
Janvier	4.68	10.46	12.13	7.83	15.3	19	-1.8	31
Février	4.92	12.30	12.43	8.00	17.1	3	-1.5	17
Mars	6.38	12.37	12.93	8.92	19.0	21	-2.7	5
Avril	11.50	17.91	17.13	13.38	23.2	23	+3.9	6
Mai	13.62	19.26	19.54	14.87	26.2	7	6.7	1
Juin	17.25	25.56	25.14	19.96	28.6	8	10.4	4
Juillet	21.03	27.41	27.44	22.43	33.3	21	14.2	1
Août	19.66	26.72	26.70	20.80	31.0	17	12.3	31
Septembre	14.51	21.14	21.71	17.08	26.7	6	9.7	12
Octobre	13.63	20.18	20.80	16.33	24.8	12	7.4	28
Novembre	7.84	11.16	11.31	9.16	20.5	1	-1.0	30
Décembre	1.20	7.91	8.66	4.40	13.06	15	-4.0	31
Année	10.52	17.67	16.98	14.46	33.3	21 Juillet	-4.0	31 Décembre

Années 1852 — Thermomètre centigrade

Indications	7h m.	midi	3h s.	9h s.	Maxima	Date	Minima	Date
Janvier	5.41	9.66	11.23	7.59	14.6	15	-2.2	1
Février	5.43	10.37	11.41	7.78	16.1	2	+1.15	22
Mars	4.75	11.12	11.59	7.73	18.6	30	-1.0	15
Avril	9.91	15.90	15.66	11.75	20.5	29	+1.5	22
Mai	15.00	21.66	20.14	15.96	29.5	23	6.8	1
Juin	17.71	26.41	26.41	19.96	31.5	30	10.0	1
Juillet	21.04	27.37	28.09	23.37	31.9	22	13.7	8
Août	20.16	27.79	27.29	22.37	31.7	17	14.7	25
Septembre	17.54	25.25	25.21	20.09	28.8	1	13.1	25
Octobre	14.25	20.84	20.87	16.34	27.1	11	5.1	22
Novembre	11.71	18.16	18.41	16.25	23.5	17	4.7	27
Décembre	4.46	13.59	14.46	9.34	19.0	1	1.2	27
Année	12.43	18.92	18.94	14.87	31.9	22 Juillet	-2.2	1 Janvier

Années 1853 — Thermomètre centigrade

Indications	7h m.	midi	3h s.	9h s.	Maxima	Date	Minima	Date
Janvier	5.78	10.66	12.45	8.50	17.6	29	-0.3	24
Février	6.16	9.06	9.75	7.40	16.5	1	+0.7	26
Mars	5.75	11.54	11.60	8.25	16.4	27	0.4	7
Avril	9.66	15.71	15.22	11.32	20.1	22	2.2	16
Mai	15.22	20.57	20.04	15.96	26.7	28	7.7	2
Juin	17.76	21.63	22.30	18.28	30.4	29	10.7	24
Juillet	21.99	29.19	29.67	22.63	35.0	18	13.8	3
Août	20.68	28.04	28.21	23.03	33.4	22	14.5	10
Septembre	16.75	24.44	24.66	19.46	32.2	2	10.2	29
Octobre	14.21	20.63	20.95	16.60	25.1	15	9.9	28
Novembre	9.51	15.16	15.82	11.53	21.6	1	1.7	25
Décembre	7.05	10.55	11.13	8.51	15.5	2	-2.5	31
Année	12.45	18.09	18.48	14.35	35.0	18 Juillet	-2.5	31 Décembre

Années 1854 — Thermomètre centigrade

Indications	7h m.	midi	3h s.	9h s.	Maxima	Date	Minima	Date
Janvier	6.83	11.31	12.21	8.67	16.0	21	+0.2	30
Février	1.93	8.54	10.00	4.90	15.5	6	-3.2	14
Mars	4.64	13.14	13.78	8.17	18.1	15	+0.5	7
Avril	9.78	17.14	16.96	12.02	22.5	13	2.6	27
Mai	14.35	20.67	20.36	15.84	24.9	17	8.7	1
Juin	18.02	24.57	24.21	19.20	33.2	20	11.0	11
Juillet	20.93	27.30	27.69	22.39	32.7	21	14.2	7
Août	20.49	28.43	28.18	22.65	31.5	6	14.6	29
Septembre	14.72	23.84	24.26	17.97	29.6	20	9.1	30
Octobre	13.45	20.17	20.76	15.81	24.4	20	6.2	23
Novembre	7.96	...	12.99	9.89	18.5	24	4.4	8
Décembre	4.82	..	10.84	7.30	15.1	29	-3.5	26
Année	11.49	...	19.85	13.73	33.2	20 Juin	-3.5	26 Décembre

Années 1855 — Thermomètre centigrade

Indications	7h m.	midi	3h s.	9h s.	Maxima	Date	Minima	Date
Janvier	4.21		9.51	5.19	13.7	31	-6.2	16
Février	9.05		14.01	10.37	15.7	28	+5.8	17
Mars	8.22		13.49	9.43	24.9	10	1.8	12
Avril	13.33		17.62	12.46	24.5	17	2.6	25
Mai	16.02		19.53	14.79	30.4	31	6.6	19
Juin	18.89	...	23.20	19.22	31.5	15	12.5	20
Juillet	21.49	29.12	27.66	22.43	32.5	15	15.6	3
Août	20.60	28.52	27.86	25.86	33.7	2	15.0	14
Septembre	18.56	25.33	24.70	15.66	30.0	8	11.2	28
Octobre	15.53	23.26	22.84	18.16	27.6	20	10.6	12
Novembre	10.42	15.11	15.13	12.31	22.0	13	3.7	30
Décembre	3.55	9.04	9.53	5.87	13.7	24	-2.5	20
Année	13.22	...	18.76	12.52	33.7	2 Août	-6.2	16 Janvier

Années 1856 — Thermomètre centigrade

Indications	7h m.	midi	3h s.	9h s.	Maxima	Date	Minima	Date
Janvier	8.90	13.04	13.50	10.30	16.2	21	1.2	28
Février	5.10	11.80	12.60	7.90	16.0	16	0.1	2
Mars	6.80	13.22	13.92	9.65	18.2	29	0.6	3
Avril	11.08	17.55	17.39	12.54	22.6	28	2.2	1
Mai	14.58	20.29	23.04	14.81	32.4	30	6.2	5
Juin	19.34	...	25.65	28.58	26.1	30	11.7	8
Juillet	22.14	...	27.92	21.31	33.5	24	13.7	13
Août	21.20	29.74	29.08	23.60	37.3	13	12.8	27
Septembre	17.50	23.77	24.03	19.29	31.8	1	8.4	23
Octobre	13.11	21.23	20.28	16.26	32.2	1	6.7	24
Novembre	6.08	12.12	12.73	7.67	19.7	3	0.0	19
Décembre	5.54	4.49	9.85	6.63	14.7	13	-0.2	3
Année	13.03	...	19.14	14.96	37.3	13 Août	-0.2	3 Décembre

Années 1857 — Thermomètre centigrade

Indications	7h m.	midi	3h s.	9h s.	Maxima	Date	Minima	Date
Janvier	4.50	8.50	9.60	5.90	12.0	23	-0.1	20
Février	4.10	11.30	12.10	7.70	15.3	23	0.0	8
Mars	6.30	13.50	13.80	9.80	20.0	20	0.0	7
Avril	11.60	16.60	15.00	12.10	22.0	20	3.0	26
Mai	15.30	24.70	22.10	16.10	[illegible]	30	5.5	1
Juin	19.20	25.50	24.40	19.00	32.5	20	8.2	15
Juillet	22.80	29.70	28.79	22.55	35.5	28	15.0	7
Août	21.37	28.47	27.73	21.91	35.0	5	15.0	18
Septembre	17.90	24.63	24.66	19.64	32.8	2	11.3	22
Octobre	14.59	19.89	20.38	15.47	25.3	9	10.0	10
Novembre	7.36	13.56	13.55	8.91	20.0	7	-1.1	24
Décembre	2.86	9.71	11.09	5.53	15.3	5	-0.3	31
Année	12.28	18.59	18.43	13.80	35.5	28 Juillet	-1.1	24 Novembre

Années 1858 — Thermomètre centigrade

Indications	7h m.	midi	3h s.	9h s.	Maxima	Date	Minima	Date
Janvier	1.30	6.90	8.98	3.64	14.0	7	-5.8	31
Février	3.62	8.67	9.93	6.64	19.8	22	-3.6	4
Mars	7.26	14.13	13.66	9.03	19.2	30	-0.5	14
Avril	12.20	19.09	18.78	13.60	25.2	24	7.0	3
Mai	15.34	21.62	20.75	15.61	26.0	20	7.2	12
Juin	20.87	28.36	26.15	21.01	33.8	15	10.2	1
Juillet	22.02	28.95	27.67	22.70	34.0	20	18.0	1
Août	20.64	26.50	25.86	21.14	33.2	19	11.1	23
Septembre	17.10	24.56	23.97	18.83	28.6	13	10.0	7
Octobre	16.02	20.86	20.78	18.19	26.2	4	7.5	31
Novembre	8.37	12.80	13.25	10.14	19.2	18	0.9	5
Décembre	5.89	10.43	11.14	7.57	14.0	20	-0.5	20
Année	12.62	18.56	18.85	14.28	34.0	20 Juillet	-5.8	31 Janvier

Années 1859 — Thermomètre centigrade

Indications	7h m.	midi	3h s.	9h s.	Maxima	Date	Minima	Date
Janvier	0.98	7.69	8.75	4.23	12.6	31	-5.2	12
Février	4.71	10.91	13.02	7.58	16.7	16	0.0	21
Mars	7.52	15.21	14.90	9.89	18.[illegible]	20	1.8	12
Avril	11.76	18.32	18.17	13.24	26.0	21	0.8	3
Mai	16.09	21.05	20.56	16.13	24.0	26	9.9	19
Juin	19.18	24.80	24.36	19.35	29.9	27	11.7	17
Juillet	22.89	30.30	30.06	23.36	36.0	4	15.6	9
Août	21.99	30.37	29.55	23.96	36.6	7	15.6	26
Septembre	17.24	24.32	25.17	19.25	28.0	10	11.0	13
Octobre	15.67	24.56	22.25	17.64	27.8	3	17.3	26
Novembre	9.47	14.82	13.48	11.26	22.0	6	1.5	17
Décembre	3.30	7.97	8.90	5.41	14.3	1	-5.8	13
Année	12.57	18.94	19.14	14.27	36.6	7 Août	-5.8	13 Décembre

Années 1860 — Thermomètre centigrade

Indications	7h m.	midi	3h s.	9h s.	Maxima	Date	Minima	Date
Janvier	5.22	10.67	10.89	7.64	16.5	5	-0.3	17
Février	3.41	9.60	9.72	6.51	16.5	29	-1.1	16
Mars	6.32	12.82	12.72	8.94	23.5	30	+0.0	11
Avril	10.86	16.69	14.77	12.16	25.4	7	7.6	24
Mai	15.83	20.54	19.45	15.66	26.0	23	9.3	8
Juin	19.63	25.69	25.13	20.00	31.8	27	13.1	1
Juillet	21.31	24.30	25.42	20.30	31.5	17	15.0	23
Août	19.91	27.00	26.50	21.43	31.4	28	14.0	1
Septembre	18.20	25.45	25.66	20.27	33.3	3	+11.9	28
Octobre	12.71	20.54	19.74	16.62	28.6	1	+5.4	11
Novembre	7.66	9.48	12.91	9.96	19.0	28	-1.5	21
Décembre	7.24	10.35	10.37	8.54	16.9	9	-1.6	23
Année	11.72	17.30	17.60	13.62	33.3	3 Septembre	-1.6	9 Décembre

PESANTEUR, CHALEUR, HUMIDITÉ ABSOLUE DE L'AIR ET PLUIE EN RAPPORT AVEC LA PATHOGÉNIE À ROME (de 1850 à 1861).

Hauteurs moyennes Barométriques, Thermométriques, Psychrométriques et Quantité de Pluie, par Mois.

Années :	1850					1851					1852				
Indications :	Baromètre en millimètres	Thermomètre centigrade		Pluviomètre en millimètre	Hôpital Civil Sto Spirito	Baromètre en millimètre	Thermomètre centigrade		Pluviomètre en millimètre	Hôpital Civil Sto Spirito	Baromètre en millimètre	Thermomètre centigrade		Pluviomètre en millimètre	Hôpital Civil Sto Spirito
Mois : Janvier	754.6	5°16.		113.9	855	760.7	8°77		17.1	703	763.4	8°48		98.7	704
Février	60.6	9.23		33.1	642	53.4	9.41		19.0	378	56.4	8.76		38.3	537
Mars	61.0	8.87		16.6	611	57.5	10.15		65.7	605	58.0	8.30		39.0	655
Avril	55.2	14.15		60.6	578	57.5	14.98		30.0	522	56.4	13.03		37.0	489
Mai	56.1	17.26		58.2	545	58.2	16.82		46.3	555	58.7	18.19		35.6	389
Juin	58.2	21.78		138.2	426	61.8	21.98		28.7	474	58.2	21.89		1.4	343
Juillet	57.6	26.41		11.8	772	57.3	24.58		14.3	693	57.5	24.97		32.3	728
Août	58.4	24.51		25.2	1682	58.4	23.47		42.9	903	58.3	24.40		68.6	1427
Septembre	59.8	20.28		66.6	1610	59.8	18.61		168.9	856	57.7	22.02		65.2	1427
Octobre	54.1	14.90		141.5	1180	58.2	17.79		42.6	686	57.7	18.07		90.2	1102
Novembre	58.7	12.37		39.1	931	56.8	9.87		318.2	716	55.9	16.13		34.8	1092
Décembre	62.2	8.30		40.0	709	65.2	5.54		5.2	776	56.1	8.71		20.1	1100
Années	58.1	14.95		745.3	10536	58.8	15.39		799.4	8067	58.4	15.31		561.8	9993

Années :	1853					1854					1855					1856				
Indications :	Baromètre en millim.	Thermomètre centigrade		Pluviomètre en millim.	Hôpital Civil Sto Spirito	Baromètre en millim.	Thermomètre centigrade		Pluviomètre en millim.	Hôpital Civil Sto Spirito	Baromètre en millim.	Thermomètre centigrade	Psychromètre humidité absolue	Pluviomètre en millim.	Hôpital Civil Sto Spirito	Baromètre en millim.	Thermomètre centigrade	Psychromètre humidité absolue	Pluviomètre en millim.	Hôpital Civil Sto Spirito
Mois : Janvier	758.0	9°35		68.3	951	758.1	9°41		60.3	1402	.....	6°43	5.4	90.9	1428	754.5	11°09	8.4	105.6	976
Février	65.4	8.34		173.1	833	58.7	6.00		12.1	1269	.....	11.58	8.2	74.6	810	53.3	8.76	6.5	53.5	1119
Mars	53.3	9.29		108.3	855	64.0	9.59		15.6	1543	.....	10.59	7.7	73.8	701	56.7	10.56	6.0	42.7	1043
Avril	55.3	12.93		67.8	659	61.5	13.63		26.3	1285	.....	14.65	8.3	50.3	607	54.4	14.30	9.3	75.2	958
Mai	56.5	17.95		27.1	517	57.5	17.47		9.6	1104	.....	17.10	9.9	54.4	601	53.6	17.84	9.8	113.9	753
Juin	56.7	19.99		62.0	407	59.8	21.16		17.3	668	.....	20.80	13.1	76.2	454	.....	22.84	13.1	5.0	519
Juillet	59.3	25.89		2.2	752	59.5	24.24		12.8	1007	757.0	24.96	15.0	0.0	1195	.....	24.73	15.2	11.4	1040
Août	58.2	24.99		44.0	2368	61.3	24.61		8.8	387	57.9	25.37	13.6	9.6	2447	54.9	25.57	13.9	11.2	2157
Septembre	57.5	21.33		41.5	2451	63.4	19.86		47.5	494	59.5	21.75	12.7	110.0	1569	54.9	20.81	12.5	69.5	1804
Octobre	58.3	18.10		89.3	2170	58.4	17.21		40.0	980	56.3	20.73	12.3	74.3	1373	60.3	17.63	10.9	43.8	1374
Novembre	57.3	13.01		87.5	2090	.....	10.49		68.0	1158	55.5	12.90	8.9	122.2	1252	84.9	9.31	6.3	25.0	1399
Décembre	53.0	8.59		139.5	1743	.....	7.74		158.4	1104	53.9	6.66	5.7	73.8	1009	56.6	10.31	6.3	160.0	1213
Années	55.5	15.82		911.1	15796	59.6	15.18		477.2	12401	56.9	16.21	10.1	820.1	13446	57.7	15.84	9.8	718.8	14355

Années :	1857					1858					1859					1860				
Indications :	Baromètre en millim.	Thermomètre centigrade	Psychromètre humidité absolue	Pluviomètre en millim.	Hôpital Civil Sto Spirito	Baromètre en millim.	Thermomètre centigrade	Psychromètre humidité absolue	Pluviomètre en millim.	Hôpital Civil Sto Spirito	Baromètre en millim.	Thermomètre centigrade	Psychromètre humidité absolue	Pluviomètre en millim.	Hôpital Civil Sto Spirito	Baromètre en millim.	Thermomètre centigrade	Psychromètre humidité absolue	Pluviomètre en millim.	Hôpital Civil Sto Spirito
Mois : Janvier	747.7	6°78	5.8	117.8	1278	762.5	4°86	4.3	40.5	1534	762.5	5°41	5.1	13.4	1610	757.9	8°30	5.2	173.2	961
Février	62.6	8.46	5.7	15.6	1130	57.5	6.87	5.7	79.7	1948	59.0	9.05	6.4	47.0	1025	52.9	7.31	4.9	91.7	911
Mars	54.1	10.51	6.3	66.5	1241	54.7	10.43	6.7	71.1	1507	61.3	11.88	7.1	45.0	927	54.8	10.10	8.3	34.2	880
Avril	52.3	13.48	8.5	77.5	916	56.7	15.58	8.9	28.0	971	55.4	15.12	9.0	16.5	814	53.4	13.12	8.3	154.7	778
Mai	54.9	15.96	10.4	55.8	756	53.4	17.99	9.7	37.5	897	53.5	18.46	10.6	126.0	669	56.1	17.87	12.7	32.8	697
Juin	56.3	21.68	11.1	7.9	536	57.1	24.73	13.0	55.9	801	56.4	21.92	12.6	39.5	476	56.8	22.61	12.5	14.0	678
Juillet	57.9	25.62	13.5	7.0	954	53.2	44.99	13.7	9.0	1614	58.5	26.65	13.8	13.8	875	54.7	22.83	15.0	19.0	1431
Août	54.9	24.78	12.9	43.6	2928	55.4	23.20	13.8	67.5	1690	56.0	26.47	14.2	53.5	1425	56.3	23.71	13.9	1.0	2021
Septembre	57.8	21.37	12.9	50.7	1630	59.7	20.78	13.2	52.0	1518	57.3	21.49	12.0	31.0	1200	57.5	22.39	13.6	31.7	2275
Octobre	55.4	17.24	11.4	216.8	1460	56.8	18.62	10.9	150.3	1337	56.4	19.28	12.0	116.5	1140	60.8	17.43	9.9	26.8	2363
Novembre	62.8	10.50	6.8	89.2	1450	54.6	10.85	8.0	156.7	1746	58.4	12.38	8.1	31.4	1499	55.5	10.10	8.2	111.8	2119
Décembre	67.6	6.96	6.5	19.5	1208	56.5	8.42	6.7	111.8	1253	54.4	6.39	5.1	133.1	1177	50.6	9.12	6.3	172.9	1768
Années	56.4	15.55	9.3	767.9	14787	56.5		9.6	860.0	16816	57.5	16.37	9.7	666.7	12837	56.1	15.03	9.8	883.8	16882

PESANTEUR, CHALEUR, HUMIDITÉ RELATIVE DE L'AIR ET PLUIE EN RAPPORT AVEC LA PATHOGÉNIE À ROME (de 1850 à 1861).

Variations Barométriques, Thermométriques et Psychrométriques, par Mois.

Années : 1850

Indications : Mois	Baromètre en millimètre	Thermomètre centigrade	Hygromètre H. rel.	Hôpital Militaire St André en général	Maladies à l'Invasion	Fièv. intermittent
Janvier	30.0	19°.6	55	185	69	32
Février	34.1	17.9	66	105	50	20
Mars	28.2	22.2	71	164	75	27
Avril	17.6	17.5	51	25	159	114
Mai	12.0	22.0	51	71	53	54
Juin	7.9	19.2	45	73	74	57
Juillet	8.2	23.6	52	95	141	109
Août	5.9	18.7	52	773	204	163
Septembre	10.1	20.5	54	734	184	190
Octobre	24.8	19.5	51	229	169	168
Novembre	18.7	19.3	51	128	75	52
Décembre	21.0	16.6	57	95	36	36
Années	34.1	42.3	79	2677	1289	1022

Années : 1851

Indications : Mois	Baromètre en millimètre	Thermomètre centigrade	Hygromètre H. rel.	Hôpital Militaire St André en général	Maladies à l'Invasion	Fièv. intermittent
Janvier	16.1	17°.1	66	141	64	35
Février	17.0	18.6	68	138	77	50
Mars	21.9	21.7	70	213	114	73
Avril	15.6	19.3	85	171	140	111
Mai	13.1	19.5	64	227	112	92
Juin	9.7	18.2	71	251	115	91
Juillet	9.7	19.1	76	550	158	152
Août	12.7	18.7	63	875	135	99
Septembre	17.8	24.0	68	464	134	109
Octobre	20.3	17.4	66	252	74	58
Novembre	21.8	21.5	62	146	67	46
Décembre	16.7	17.6	38	99	42	19
Années	28.9	37.3	81	3627	1232	935

Années : 1852

Indications : Mois	Baromètre en millimètre	Thermomètre centigrade	Hygromètre H. rel.	Hôpital Militaire St André en général	Maladies à l'Invasion	Fièv. intermittent
Janvier	17.6	16°.8	43	73	43	17
Février	20.0	14.6	40	72	32	11
Mars	25.0	19.6	67	102	48	24
Avril	19.7	19.0	41	106	68	32
Mai	15.8	22.7	45	139	61	40
Juin	11.3	21.5	35	116	53	36
Juillet	11.2	18.2	55	387	163	143
Août	11.9	17.0	40	638	137	108
Septembre	4.8	15.7	27	655	140	132
Octobre	14.6	22.0	43	412	78	81
Novembre	28.9	18.8	44	243	60	32
Décembre	19.6	17.8	38	119	59	39
Années	33.8	34.1	79	3062	942	695

Années : 1853

Indications : Mois	Baromètre en millimètre	Thermomètre centigrade	Hygromètre H. rel.	Hôpital Militaire St André en général	Maladies à l'Invasion	Fièv. intermitt.
Janvier	21.6	17°.9	52	106	57	34
Février	23.0	15.8	66	108	65	25
Mars	24.8	16.0	70	114	66	31
Avril	16.2	19.9	61	132	70	37
Mai	14.7	19.0	71	125	70	30
Juin	10.1	19.7	49	104	59	25
Juillet	11.0	21.7	67	453	153	114
Août	8.8	18.9	73	1216	250	225
Septembre	11.8	22.0	70	1384	182	189
Octobre	29.4	15.1	60	921	149	151
Novembre	22.1	19.9	52	369	111	84
Décembre	20.1	18.0	52	206	54	48
Années	32.3	37.5	76	5238	1286	998

Années : 1854

Indications : Mois	Baromètre en millimètre	Thermomètre centigrade	Hygromètre H. rel.	Hôpital Militaire St André en général	Maladies à l'Invasion	Fièv. intermitt.
Janvier	26.8	15°.8	71	103	49	36
Février	27.5	19.0	81	157	13	4
Mars	21.9	17.6	69	248	113	43
Avril	22.6	19.9	73	234	83	41
Mai	14.7	16.2	66	282	136	86
Juin	10.8	22.2	60	258	141	70
Juillet	9.0	18.5	62	716	182	129
Août	7.1	16.9	63	1326	178	113
Septembre	13.8	20.4	69	974	115	73
Octobre	12.8	20.4	72	512	111	57
Novembre	23.7	18.2	60	300	94	46
Décembre	21.7	18.6	65	160	63	22
Années	31.8	36.7	81	5270	1278	716

Années : 1855

Indications : Mois	Baromètre en millimètre	Thermomètre centigrade	Hygromètre H. rel.	Hôpital Militaire St André en général	Maladies à l'Invasion	Fièv. intermitt.
Janvier	36.6	19°.9	70	136	74	24
Février	19.2	19.9	52	86	55	18
Mars	25.5	23.1	60	117	51	23
Avril	20.0	24.9	66	92	48	23
Mai	14.4	23.8	67	107	71	40
Juin	11.7	19.0	73	95	57	30
Juillet	9.0	16.9	72	231	156	107
Août	9.2	18.7	75	459	191	147
Septembre	14.9	18.8	58	522	120	93
Octobre	26.6	17.0	47	265	104	101
Novembre	12.7	18.3	47	138	61	55
Décembre	26.8	16.2	67	76	31	26
Années	36.3	39.9	78	2344	1019	687

Années : 1856

Indications : Mois	Baromètre en millimètre	Thermomètre centigrade	Hygromètre H. rel.	Hôpital Militaire St André en général	Maladies à l'Invasion	Fièv. intermitt.
Janvier	25.9	15°.0	73	69	64	22
Février	24.8	15.9	75	73	72	37
Mars	21.9	17.6	70	59	52	30
Avril	17.1	20.4	66	65	64	33
Mai	16.0	24.2	60	84	82	44
Juin	7.2	14.4	62	73	88	43
Juillet	8.2	19.8	67	186	107	77
Août	18.3	24.5	72	270	141	111
Septembre	10.2	23.4	76	235	99	86
Octobre	8.5	25.5	68	156	59	57
Novembre	20.9	19.7	60	114	43	51
Décembre	20.6	14.9	52	18	46	18
Années	31.3	37.5	76	1432	920	609

Années : 1857

Indications : Mois	Baromètre en millimètre	Thermomètre centigrade	Hygromètre H. rel.	Hôpital Militaire St André en général	Maladies à l'Invasion	Fièv. intermitt.
Janvier	27.4	11°.9	55	84	70	26
Février	20.0	15.3	68	[illegible]	50	11
Mars	19.9	20.0	81	54	47	4
Avril	20.2	19.0	71	52	44	7
Mai	18.5	23.2	55	43	42	20
Juin	11.5	24.3	58	37	45	12
Juillet	19.5	20.5	69	172	104	70
Août	14.4	10.0	63	300	134	133
Septembre	14.1	21.5	71	166	88	72
Octobre	24.2	15.3	56	148	44	50
Novembre	22.1	21.1	67	90	38	18
Décembre	14.6	16.6	68	57	40	35
Années	41.4	36.6	83	1242	746	458

Années : 1858

Indications : Mois	Baromètre en millimètre	Thermomètre centigrade	Hygromètre H. rel.	Hôpital Militaire St André en général	Maladies à l'Invasion	Fièv. intermitt.
Janvier	22.6	19°.8	71	39	45	63
Février	19.7	16.4	81	85	73	17
Mars	35.9	19.7	79	23	19	26
Avril	20.1	18.2	80	48	55	38
Mai	19.5	18.8	65	54	40	36
Juin	17.0	23.6	71	55	69	21
Juillet	12.1	16.0	60	138	97	83
Août	15.5	22.1	71	126	53	81
Septembre	12.6	18.6	61	113	59	116
Octobre	33.5	18.7	58	86	61	128
Novembre	23.9	18.3	60	55	31	62
Décembre	16.8	14.5	67	46	47	25
Années	39.0	39.8	80	868	649	698

Années : 1859

Indications : Mois	Baromètre en millimètre	Thermomètre centigrade	Hygromètre H. rel.	Hôpital Militaire St André en général	Maladies à l'Invasion	Fièv. intermitt.
Janvier	18.1	17°.8	76	46	45	56
Février	18.1	16.7	73	37	24	58
Mars	21.9	16.6	75	54	36	29
Avril	22.3	25.7	70	31	25	24
Mai	11.2	14.0	70	[illegible]	37	19
Juin	12.8	18.2	66	74	87	61
Juillet	10.8	30.4	85	264	190	202
Août	9.2	21.0	78	301	74	150
Septembre	18.3	17.0	72	241	87	217
Octobre	18.1	20.5	59	215	75	321
Novembre	16.0	20.6	67	160	75	174
Décembre	27.0	20.1	70	106	55	185
Années	33.6	42.4	79	1537	810	1494

Années : 1860

Indications : Mois	Baromètre en millimètre	Thermomètre centigrade	Hygromètre H. rel.	Hôpital Militaire St André en général	Maladies à l'Invasion	Fièv. intermitt.
Janvier	28.5	16°.8	70	96	35	82
Février	29.4	17.6	80	60	31	21
Mars	21.7	23.5	80	95	43	24
Avril	18.6	17.9	79	112	73	18
Mai	11.0	16.7	54	134	98	44
Juin	9.5	15.7	56	113	83	35
Juillet	11.2	16.5	67	237	118	144
Août	9.6	17.4	60	221	88	287
Septembre	12.4	21.7	59	373	133	446
Octobre	16.5	23.2	56	421	102	501
Novembre	20.0	20.3	85	210	45	262
Décembre	26.0	18.5	65	154	33	101
Années	35.4	34.9	81	2248	883	1965

COURBE NOSOGRAPHIQUE MOYENNE, CIVILE, MILITAIRE (DE 1850 À 1861) À ROME.

J.

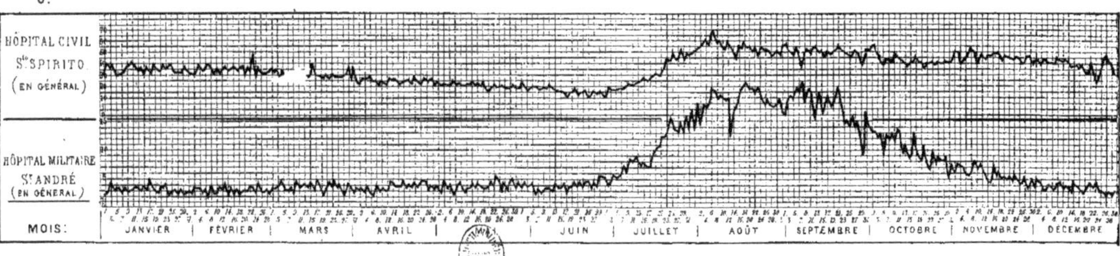

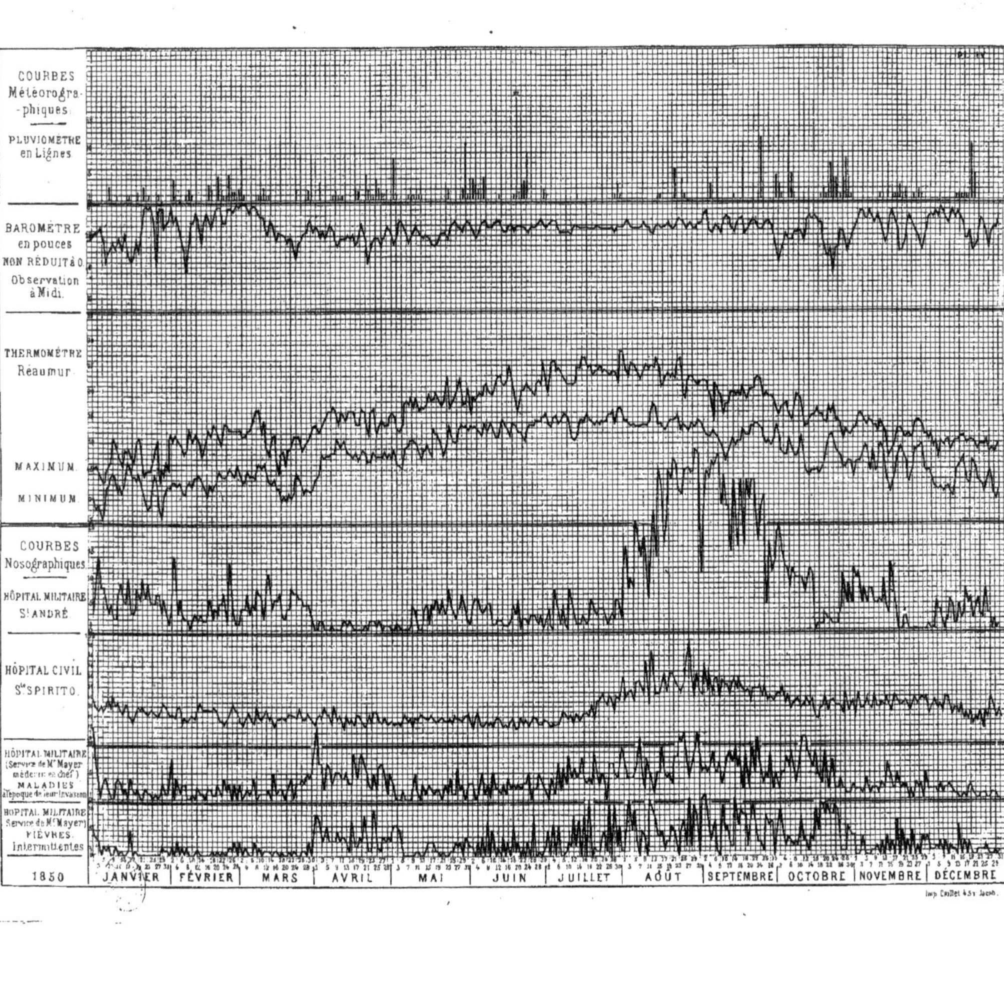
COURBES
Météorogra-
-phiques.
PLUVIOMÈTRE
en Lignes.
BAROMÈTRE
en pouces
NON RÉDUIT à O.
Observation
à Midi.
THERMOMÈTRE
Réaumur.
MAXIMUM.
MINIMUM.
COURBES
Nosographiques.
HÔPITAL MILITAIRE
S.t ANDRÉ.
HÔPITAL CIVIL
S.to SPIRITO.
HÔPITAL MILITAIRE
(Service de M.r Mayer
médecin en chef)
MALADIES
à l'époque de leur invasion
HÔPITAL MILITAIRE
Service de M.r Mayer
FIÈVRES
Intermittentes
1850
JANVIER
FÉVRIER
MARS
AVRIL
MAI
JUIN
JUILLET
AOÛT
SEPTEMBRE
OCTOBRE
NOVEMBRE
DÉCEMBRE
Imp. Caillet 45 r. Jacob.

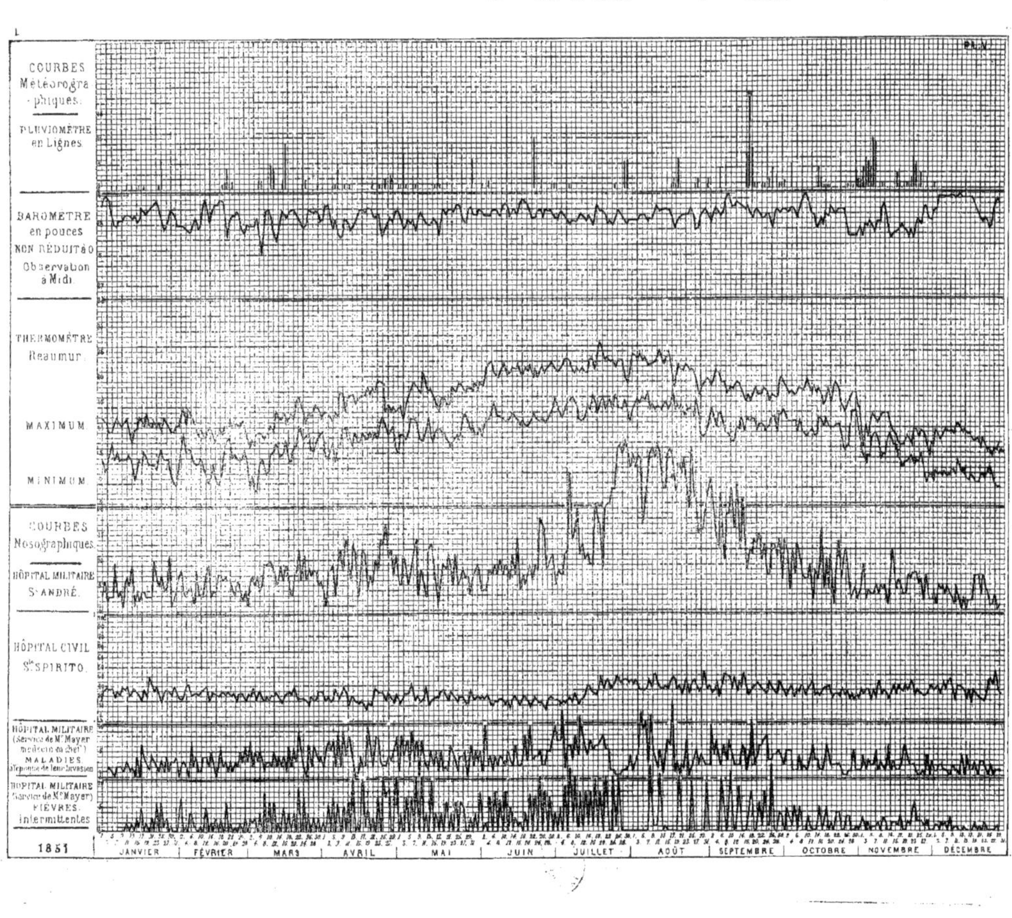
PL. V.
COURBES Météorographiques.
PLUVIOMÈTRE en Lignes.
BAROMÈTRE en pouces NON RÉDUIT à 0 Observation à Midi.
THERMOMÈTRE Reaumur.
MAXIMUM.
MINIMUM.
COURBES Nosographiques.
HÔPITAL MILITAIRE S.t ANDRÉ.
HÔPITAL CIVIL S.to SPIRITO.
HÔPITAL MILITAIRE (Service de M.r Mayer médecin en chef) MALADIES à l'époque de leur invasion
HÔPITAL MILITAIRE (Service de M.r Mayer) FIÈVRES intermittentes
1851
JANVIER
FÉVRIER
MARS
AVRIL
MAI
JUIN
JUILLET
AOÛT
SEPTEMBRE
OCTOBRE
NOVEMBRE
DÉCEMBRE

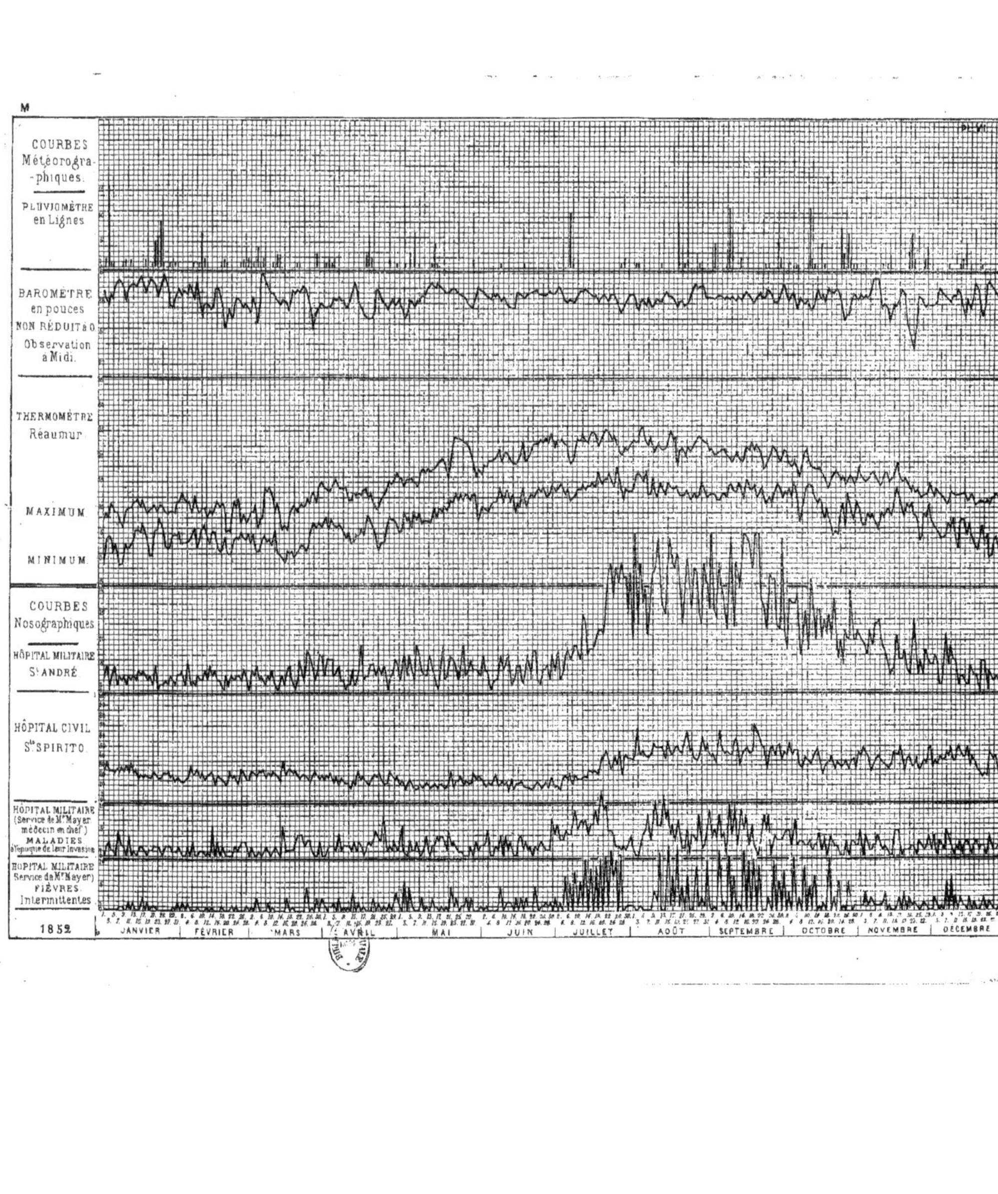
M
Pl. VI
COURBES
Météorographiques.
PLUVIOMÈTRE
en Lignes
BAROMÈTRE
en pouces
NON RÉDUIT à 0.
Observation
à Midi.
THERMOMÈTRE
Réaumur.
MAXIMUM.
MINIMUM.
COURBES
Nosographiques.
HÔPITAL MILITAIRE
St ANDRÉ.
HÔPITAL CIVIL
Sto SPIRITO.
HÔPITAL MILITAIRE
(Service de Mr Mayer médecin en chef)
MALADIES
à l'époque de leur invasion
HÔPITAL MILITAIRE
Service de Mr Mayer)
FIÈVRES
Intermittentes.
1852
JANVIER
FÉVRIER
MARS
AVRIL
MAI
JUIN
JUILLET
AOÛT
SEPTEMBRE
OCTOBRE
NOVEMBRE
DÉCEMBRE

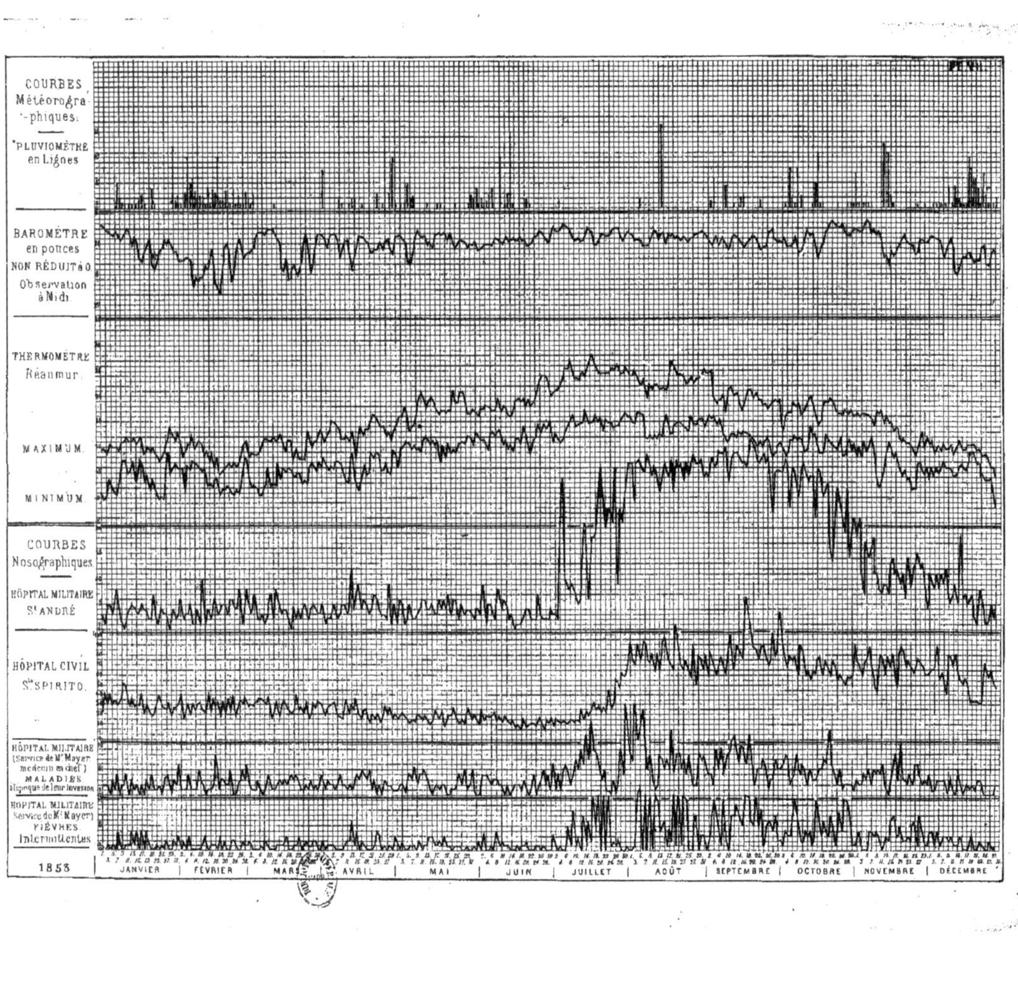
Pl. VII.
COURBES Météorographiques.
PLUVIOMÈTRE en Lignes
BAROMÈTRE en pouces NON RÉDUIT à 0. Observation à Midi.
THERMOMÈTRE Réaumur.
MAXIMUM.
MINIMUM.
COURBES Nosographiques.
HÔPITAL MILITAIRE St ANDRÉ
HÔPITAL CIVIL St SPIRITO.
HÔPITAL MILITAIRE (Service de Mr Mayer médecin en chef) MALADIES à l'époque de leur invasion
HÔPITAL MILITAIRE Service de Mr Mayer) FIÈVRES Intermittentes
1853
JANVIER
FÉVRIER
MARS
AVRIL
MAI
JUIN
JUILLET
AOÛT
SEPTEMBRE
OCTOBRE
NOVEMBRE
DÉCEMBRE

COURBES
Météorogr
-phiques

PLUVIOMÈTR
en Lignes

BAROMETRI
en pouces
NON RÉDUITS
Observation
à Midi.

THERMOMÈTR
Reaumur

MAXIMUM

MINIMUM

COURBES
Nosographique

HÔPITAL MILITAIR
S.T ANDRÉ

HÔPITAL CIVIL
S.TO SPIRITO

HÔPITAL MILITAIR
MALADIES

HÔPITAL MILITAIR
FIEVRES.
Intermittentes

1854

JANVIER
FEVRIER
MARS
AVRIL
MAI
JUIN
JUILLET
AOÛT
SEPTEMBRE
OCTOBRE
NOVEMBRE
DÉCEMBRE

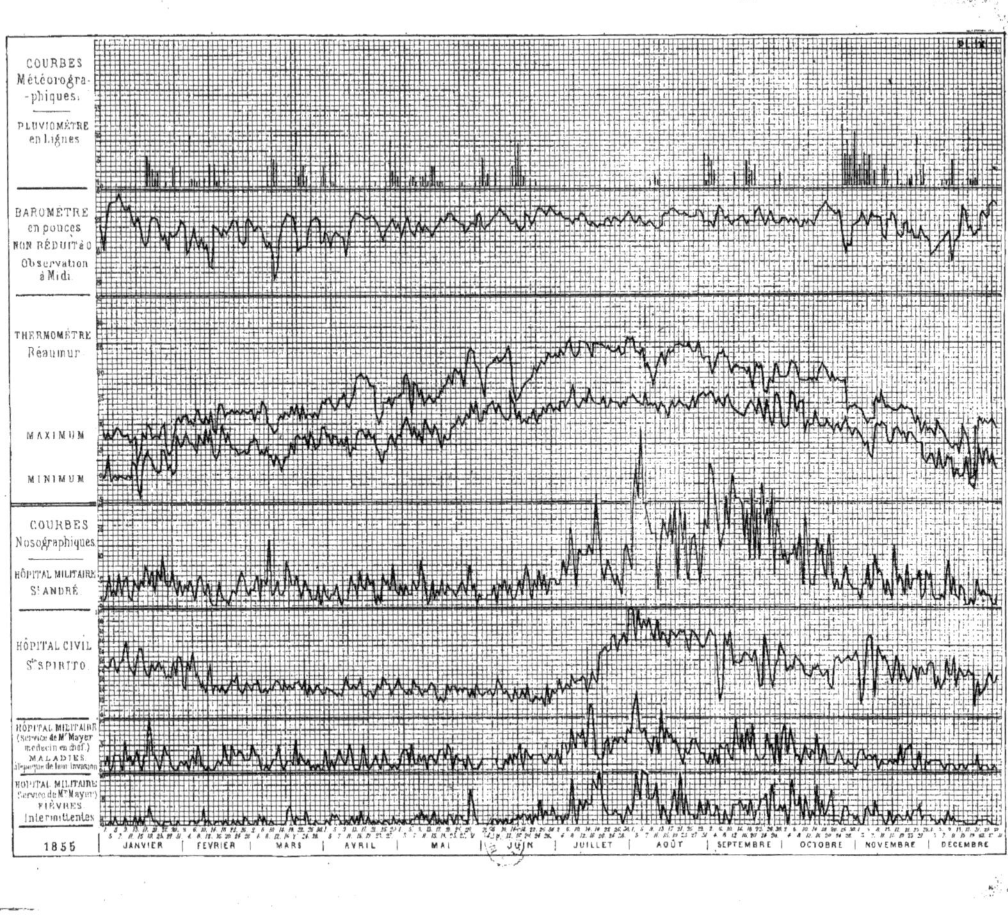

Pl. IX
COURBES
Météorographiques.
PLUVIOMÈTRE
en Lignes
BAROMÈTRE
en pouces
NON RÉDUIT à 0
Observation
à Midi.
THERMOMÈTRE
Réaumur
MAXIMUM
MINIMUM
COURBES
Nosographiques
HÔPITAL MILITAIRE
St ANDRÉ
HÔPITAL CIVIL
Sto SPIRITO
HÔPITAL MILITAIRE
(Service de Mr Mayer
médecin en chef.)
MALADIES
à l'époque de leur invasion
HÔPITAL MILITAIRE
(Service de Mr Mayer)
FIÈVRES
Intermittentes
1855
JANVIER
FÉVRIER
MARS
AVRIL
MAI
JUIN
JUILLET
AOÛT
SEPTEMBRE
OCTOBRE
NOVEMBRE
DÉCEMBRE

COURBES Météorographiques.

PLUVIOMÈTRE en millimètres.

BAROMÈTRE en millimetres RÉDUIT à O. Observation à Midi.

THERMOMÈTRE Centigrade.

MAXIMUM.

MINIMUM.

COURBES Nosographiques.

HÔPITAL MILITAIRE S.t ANDRÉ.

HÔPITAL CIVIL S.to SPIRITO.

HÔPITAL MILITAIRE (Service de M.r Mayer médecin en chef) MALADIES à l'époque de leur invasion

HÔPITAL MILITAIRE Service de M.r Mayer) FIÈVRES Intermittentes

1858.

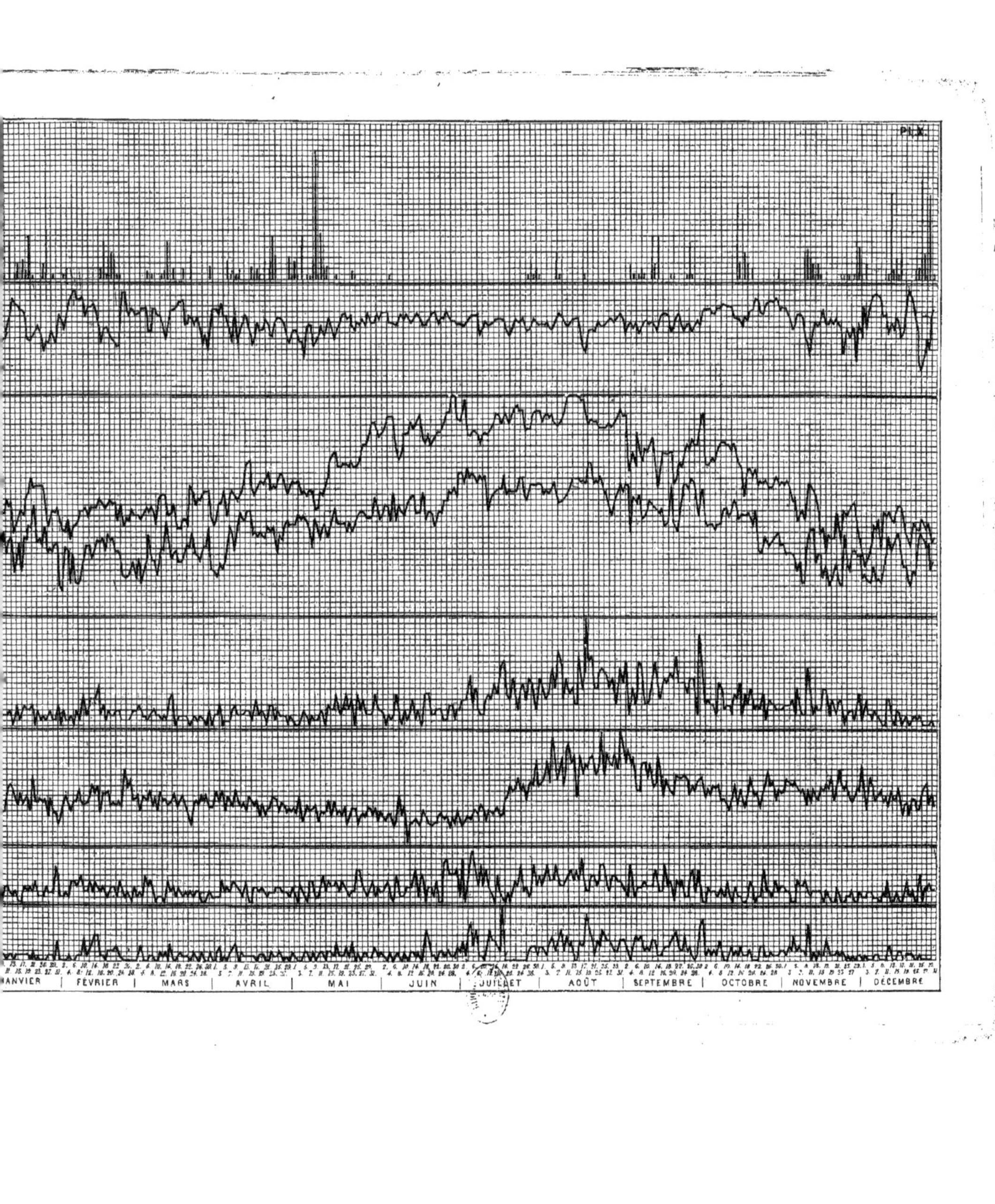
Pl. X.
ANVIER
FÉVRIER
MARS
AVRIL
MAI
JUIN
JUILLET
AOÛT
SEPTEMBRE
OCTOBRE
NOVEMBRE
DÉCEMBRE

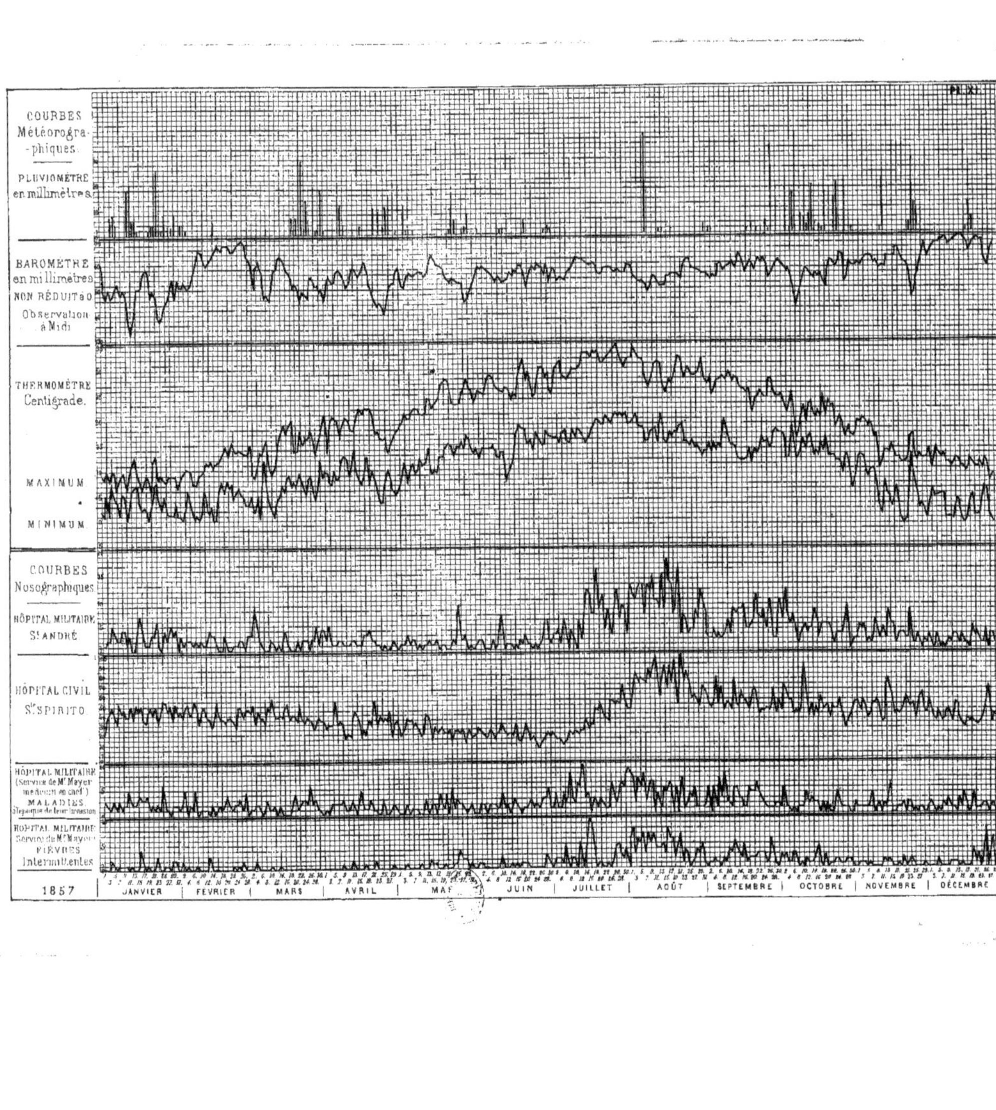
PL. XI.
COURBES Météorographiques.
PLUVIOMÈTRE en millimètres.
BAROMÈTRE en millimètres NON RÉDUIT à 0. Observation à Midi
THERMOMÈTRE Centigrade.
MAXIMUM.
MINIMUM.
COURBES Nosographiques.
HÔPITAL MILITAIRE St ANDRÉ.
HÔPITAL CIVIL St SPIRITO.
HÔPITAL MILITAIRE (Service de Mr Mayer médecin en chef) MALADIES. à l'époque de leur invasion
HÔPITAL MILITAIRE Service de Mr Mayer FIÈVRES Intermittentes.
1857
JANVIER
FEVRIER
MARS
AVRIL
MAI
JUIN
JUILLET
AOÛT
SEPTEMBRE
OCTOBRE
NOVEMBRE
DÉCEMBRE

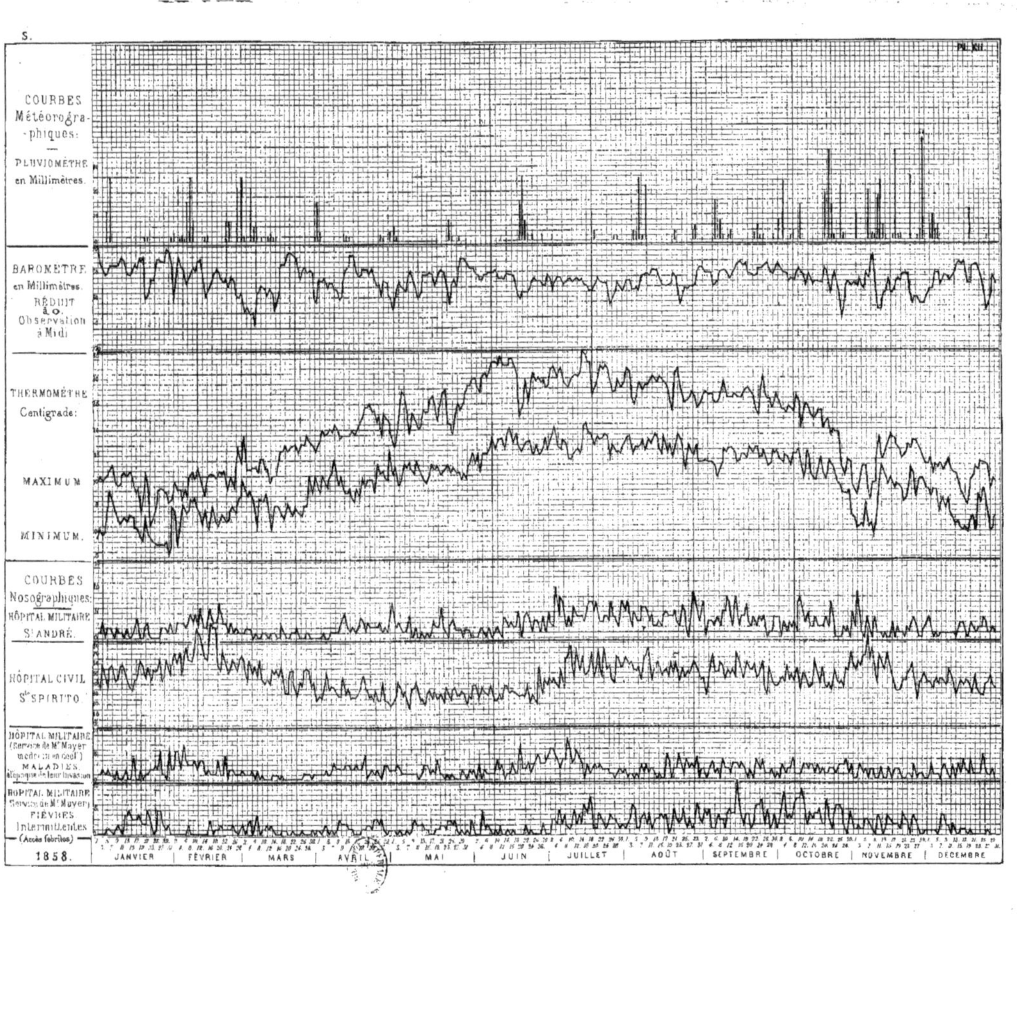
S.
Pl. XII
COURBES Météorographiques:
PLUVIOMÈTHE en Millimètres.
BAROMETRE en Millimètres. RÉDUIT à 0. Observation à Midi
THERMOMÈTHE Centigrade:
MAXIMUM
MINIMUM.
COURBES Nosographiques:
HÔPITAL MILITAIRE St ANDRÉ.
HÔPITAL CIVIL S^to SPIRITO.
HÔPITAL MILITAIRE (Service de Mr Mayer médecin en chef) MALADIES. à l'époque de leur invasion
HÔPITAL MILITAIRE (Service de Mr Mayer) FIÈVRES Intermittentes (Accès fébriles)
1858.
JANVIER
FÉVRIER
MARS
AVRIL
MAI
JUIN
JUILLET
AOÛT
SEPTEMBRE
OCTOBRE
NOVEMBRE
DÉCEMBRE

T.

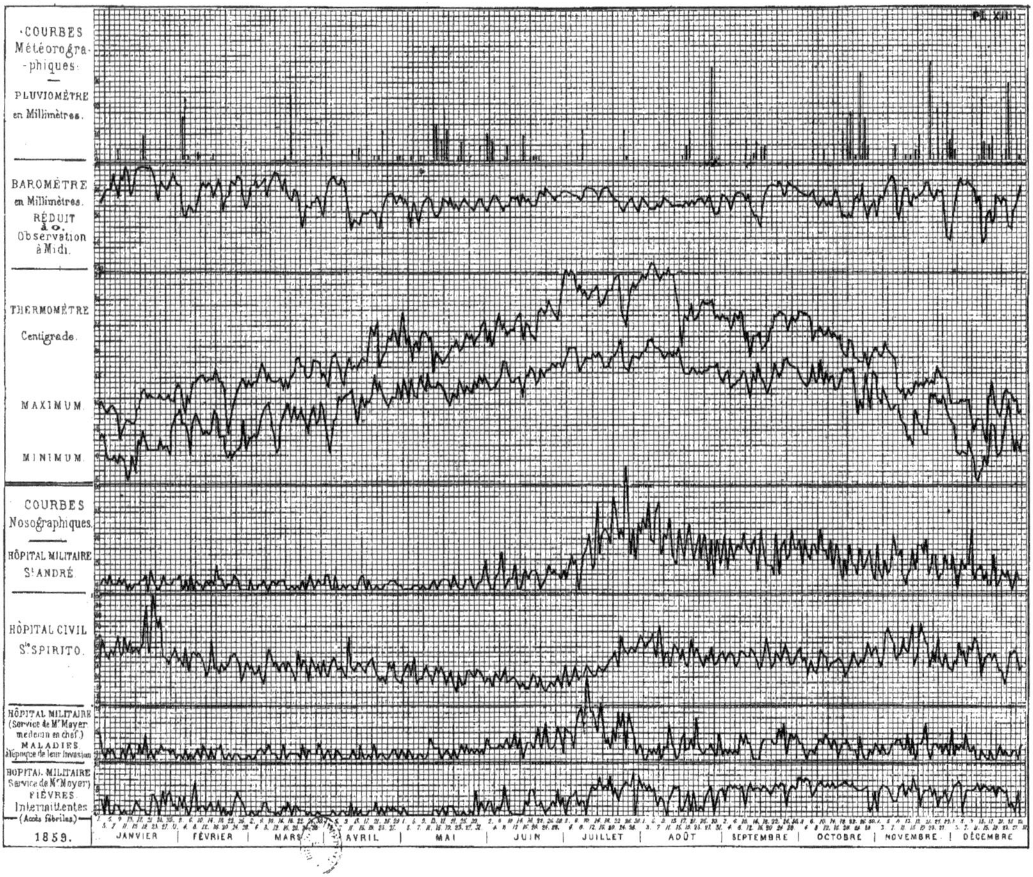

PL. XIII.

COURBES Météorographiques.

PLUVIOMÈTRE en Millimètres.

BAROMÈTRE en Millimètres. RÉDUIT à 0. Observation à Midi.

THERMOMÈTRE Centigrade.

MAXIMUM.

MINIMUM.

COURBES Nosographiques.

HÔPITAL MILITAIRE St ANDRÉ.

HÔPITAL CIVIL St SPIRITO.

HÔPITAL MILITAIRE (Service de Mr Mayer médecin en chef.) MALADIES à l'époque de leur invasion.

HÔPITAL MILITAIRE (Service de Mr Mayer) FIÈVRES Intermittentes (Accès fébriles.)

1859.

JANVIER	FÉVRIER	MARS	AVRIL	MAI	JUIN	JUILLET	AOÛT	SEPTEMBRE	OCTOBRE	NOVEMBRE	DÉCEMBRE

U.

COURBES Météorogra-phiques:

PLUVIOMÈTR[illegible] en Millimètres

BAROMÈTR[illegible] en Millimètres, REDUIT à O. Observatio[illegible] à Midi.

THERMOMÈTR[illegible] Centigrade:

MAXIMUM.

MINIMUM

COURBES Nosographique[illegible]

HÔPITAL MILITAI[illegible] S.t ANDRÉ.

HÔPITAL CIVIL S.to SPIRITO.

HÔPITAL MILITAI[illegible] (Service de M.r Moyez médecin en chef) MALADIES. [illegible] que de leur invasi[illegible]

HÔPITAL MILITAI[illegible] Service de M.r Moyez FIÈVRES Intermittentes (accès fébriles.)

1860.

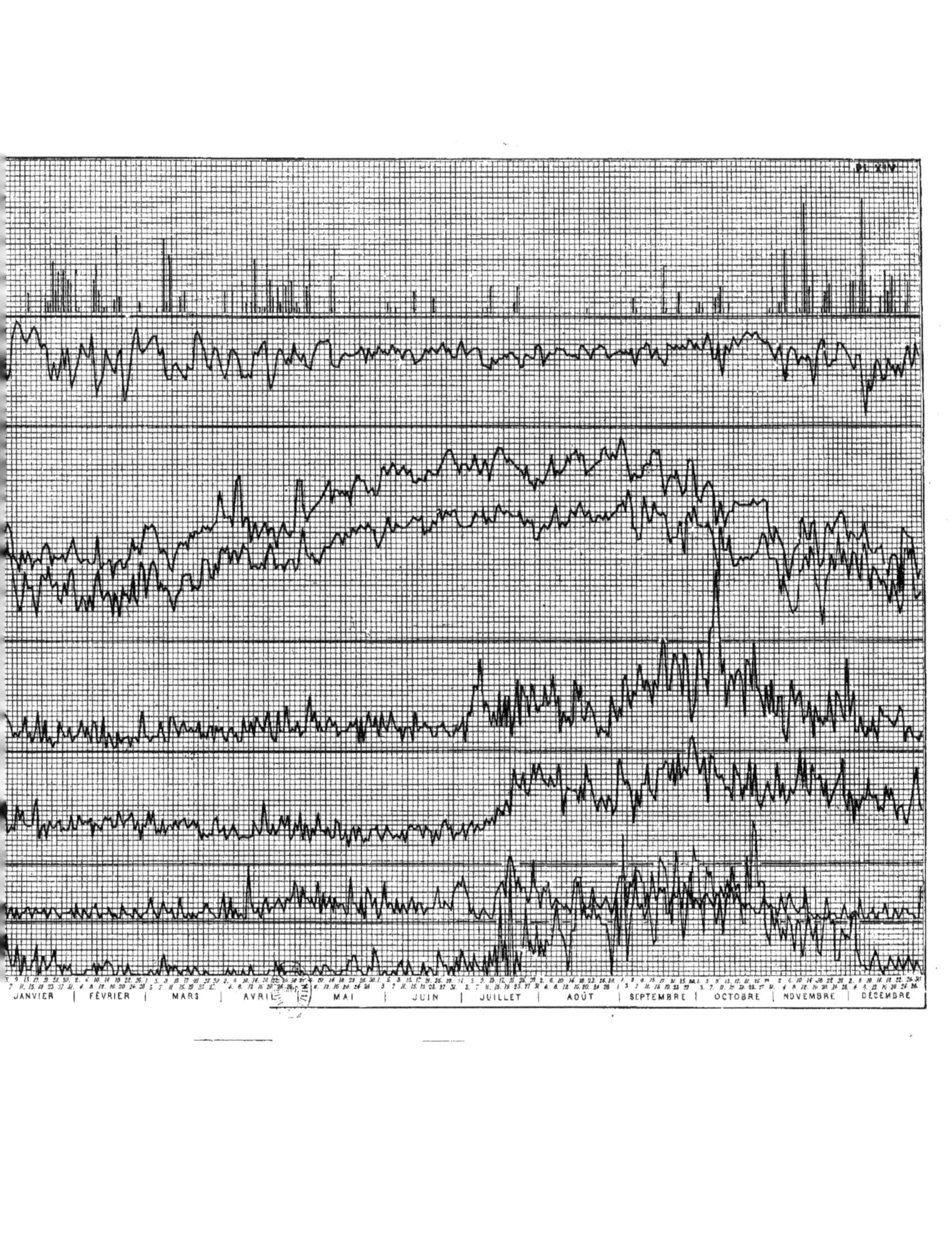
PL. XIV.
JANVIER
FÉVRIER
MARS
AVRIL
MAI
JUIN
JUILLET
AOÛT
SEPTEMBRE
OCTOBRE
NOVEMBRE
DÉCEMBRE

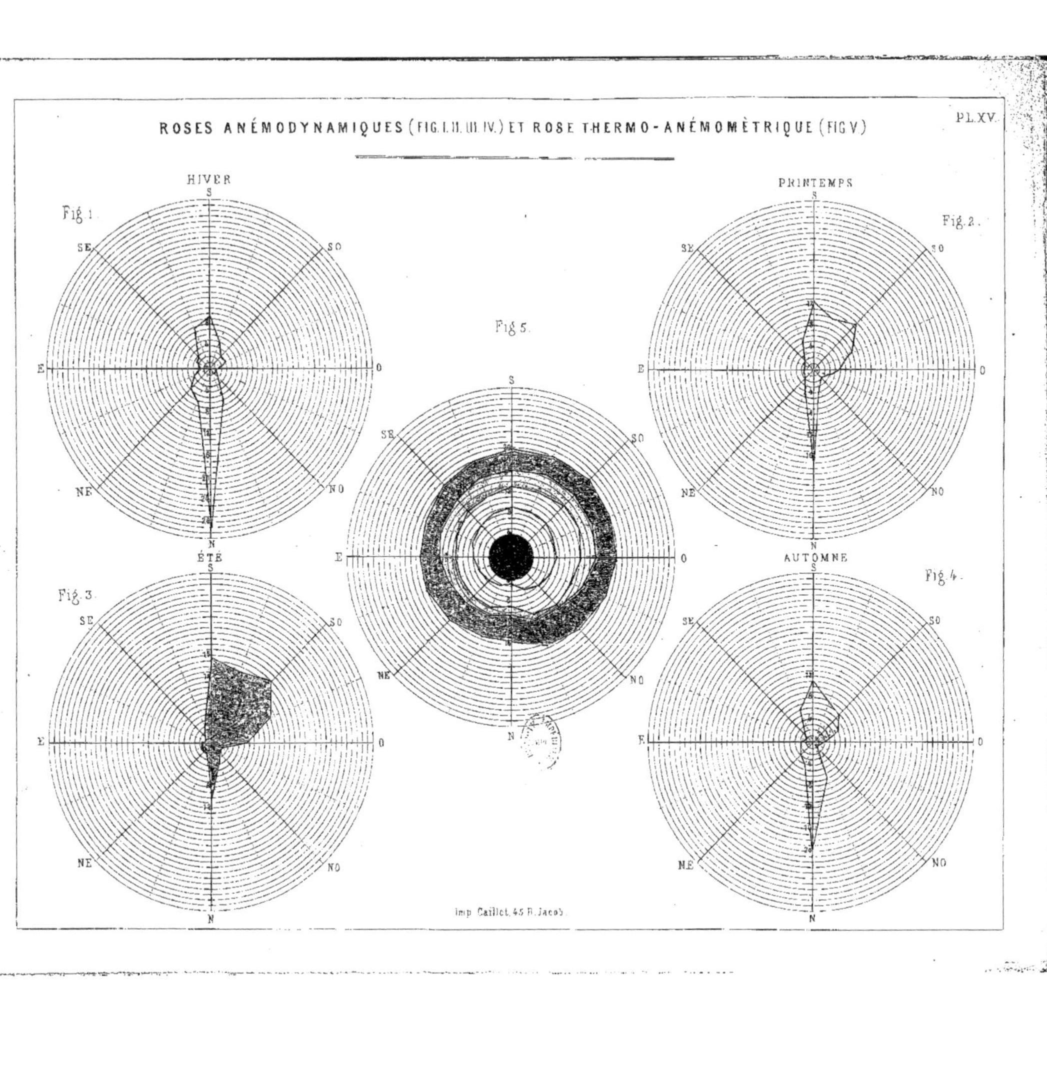
ROSES ANÉMODYNAMIQUES (FIG. I. II. III. IV.) ET ROSE THERMO-ANÉMOMÈTRIQUE (FIG. V.)
PL. XV.
HIVER
Fig. 1.
PRINTEMPS
Fig. 2.
Fig. 5.
ÉTÉ
Fig. 3.
AUTOMNE
Fig. 4.
S
SE
SO
E
O
NE
NO
N
Imp. Caillet, 45 R. Jacob.

RÉSULTATS des RECHERCHES sur la CONNEXION

entre la MÉTÉOROLOGIE et la PATHOGÉNIE CIVILE et MILITAIRE a ROME (de 1850 à 1861).

HÔPITAL CIVIL S^to SPIRITO

EN GÉNÉRAL

Pesanteur de l'Atmosphère

Années	Moyennes des Entrants dans un jour quelconque, Indépendamment de l'État du Ciel: 1er Quadrim.	2e Quadrim.	3e Quadrim.	Années	Variations petites, moyennes et grandes: 1er Quadrimest. Malades	Jours	2e Quadrimest. Malades	Jours	3e Quadrimest. Malades	Jours	Années Malades	Variations moyennes et grandes: 1er Quadrimest. Malades	Jours	2e Quadrimest. Malades	Jours	3e Quadrimest. Malades	Jours	Années Malades	Grandes Variations: Malades	Jours	Maxim. des Malades
1850	24.16	18.66	42.64	28.87	25.71	74	17.99	70	44.41	66	28.84	22.89	42	17.97	30	43.44	30	26.67	29.00	24	31.„
1851	23.11	17.18	25.51	21.94	23.70	77	17.43	91	25.24	88	21.88	23.52	14	17.81	21	26.29	21	18.27	22.53	15	24.14
1852	28.37	15.38	38.08	27.30	28.06	83	15.93	87	37.92	86	27.47	27.12	42	16.74	24	41.84	27	28.61	26.55	30	30.60
1853	46.81	19.92	62.91	43.28	44.66	78	21.38	73	63.71	62	42.22	46.19	36	24.71	36	61.89	27	42.70	42.35	27	51.„
1854	41.10	37.74	23.32	33.97	31.18	77	37.53	84	22.08	78	33.75	49.66	33	39.39	33	29.07	15	41.36	38.63	30	44.70
1855	37.49	19.37	53.53	36.84	39.36	69	19.07	72	54.47	74	37.72	41.48	42	19.51	36	59.18	18	39.23	32.72	36	37.40
1856	39.73	26.83	51.83	39.49	39.49	63	23.90	80	55.34	53	38.16	44.33	48	29.44	33	52.30	24	38.22	40.„	24	45.92
1857	42.21	28.27	50.99	40.51	42.58	60	28.21	66	36.91	78	35.68	42.52	24	31.75	30	51.„	21	40.68	42.41	27	52.50
1858	54.09	34.23	49.26	45.79	56.68	66	36.09	67	49.64	66	42.21	54.44	27	36.93	27	46.33	24	45.69	51.27	27	58.„
1859	44.26	23.65	37.72	35.17	42.70	74	22.82	73	28.67	72	34.77	41.13	30	26.41	30	39.35	18	34.47	13.69	36	44.44
1860	47.59	24.86	65.77	46.13	46.96	79	22.93	71	66.68	80	46.22	43.84	51	27.„	24	68.33	12	43.12	36.26	33	39.99
Moyennes	39.17	24.19	45.59	36.29	38.28		23.93		42.27		34.44	39.73		25.78		47.18		36.27	34.03		41.79

Température de l'Air

Années	Variations petites moyennes et grandes: 1er Quadrimestre Malades	Jours	2e Quadrimestre Malades	Jours	3e Quadrimestre Malades	Jours	Années Malades	Variations moyennes et grandes: 1er Quadrimestre Malades	Jours	2e Quadrimestre Malades	Jours	3e Quadrimestre Malades	Jours	Années Malades	Grandes Variations: Malades	Jours	Maxim. des Malades
1850	25.46	91	17.94	83	43.74	84	28.93	24.29	24	18.59	36	42.76	42	29.74	28.84	25	34.„
1851	23.34	91	17.57	94	37.27	91	22.34	23.50	28	17.50	22	27.64	28	23.29	24.10	12	27.50
1852	26.30	84	16.18	75	39.53	89	32.96	26.47	32	12.54	31	35.02	40	24.44	23.39	21	25.25
1853	46.62	86	19.78	80	64.40	86	43.97	48.33	30	29.12	35	62.76	30	47.77	39.82	50	47.50
1854	40.69	83	37.65	61	28.94	78	36.06	42.38	37	37.39	31	29.17	39	36.39	32.95	44	39.94
1855	39.35	74	20.24	58	57.28	57	38.41	40.90	28	22.74	30	49.97	35	38.77	36.40	30	43.50
1856	38.31	72	27.32	65	49.81	59	38.02	40.09	32	27.90	41	49.24	29	38.29	43.42	42	50.81
1857	43.22	65	28.73	64	49.20	69	40.62	50.93	30	32.51	33	52.55	42	45.79	50.53	30	62.70
1858	49.13	69	33.98	78	51.08	77	44.52	55.01	39	31.28	32	50.75	36	46.54	44.81	24	53.43
1859	43.51	72	23.38	90	39.77	88	34.90	39.96	25	21.74	34	38.„	29	32.15	37.32	36	45.38
1860	42.01	70	24.82	74	61.83	60	41.60	51.24	38	24.33	24	60.07	28	46.87	3[illegible].47	40	60.71
Moyennes	38.04		24.32		47.53		36.57	40.28		25.06		45.44		37.27	37.73		44.61

Pluie

Années	Pluies petites, moyennes et grandes: 1er Quadrimestre Malades	Jours	2e Quadrimestre Malades	Jours	3e Quadrimestre Malades	Jours	Années Malades	Pluies moyennes et grandes: 1er Quadrimestre Malades	Jours	2e Quadrimestre Malades	Jours	3e Quadrimestre Malades	Jours	Années Malades	Grandes pluies: Malades	Jours
1850	25.58	69	20.59	82	43.94	61	29.42	15.90	36	17.16	54	45.30	36	27.69	31.42	42
1851	22.81	60	18.30	76	24.70	67	21.75	22.41	24	19.12	24	27.50	30	36.24	21.24	33
1852	27.86	76	16.55	62	40.67	67	28.18	29.50	24	15.24	21	37.57	33	29.77	30.87	45
1853	45.44	99	18.93	74	72.91	46	40.38	43.37	54	20.64	33	76.33	21	39.40	48.63	51
1854	40.65	85	37.14	58	27.27	51	35.09	38.42	51	33.17	30	25.50	18	34.74	33.84	51
1855	37.05	78	19.34	77	57.62	52	32.89	17.80	51	19.52	42	54.77	21	23.40	34.64	39
1856	37.23	83	29.24	68	56.93	43	38.79	34.22	46	20.49	21	50.20	15	33.62	38.75	36
1857	63.63	51	27.52	63	48.18	58	45.19	44.57	30	24.„	24	45.74	27	38.86	45.34	42
1858	54.43	70	35.51	59	48.19	69	46.51	58.06	36	29.87	15	48.87	30	49.43	50.75	51
1859	40.16	60	21.42	69	34.14	50	31.72	41.07	30	19.30	30	39.03	36	33.50	32.16	42
1860	48.33	70	25.32	69	68.48	38	44.15	44.„	60	24.74	42	66.66	15	40.„	47.32	60
Moyennes	49.38		24.53		47.45		35.83	36.10		22.91		47.04		35.15	36.09	

RÉSULTATS des RECHERCHES sur la CONNEXION entre la MÉTÉOROLOGIE et la PATHOGÉNIE CIVILE et MILITAIRE à ROME (de 1850 à 1861)

HÔPITAL MILITAIRE S.T ANDRÉ

EN GÉNÉRAL

Pesanteur de l'Atmosphère

Années	Moyennes des Entrants dans un jour quelconque — Indépendamment de l'État du Ciel — 1er Quadrim.	2e Quadrim.	3e Quadrim.	Années	Variations petites, moyennes et grandes — 1er Quadrimest. Malades	Jours	2e Quadrimest. Malades	Jours	3e Quadrimest. Malades	Jours	Années Malades	Variations moyennes et grandes — 1er Quadrimest. Malades	Jours	2e Quadrimest. Malades	Jours	3e Quadrimest. Malades	Jours	Années Malades	Grandes Variations Malades	Jours	Maxim des Malades
1850	4.27	2.73	14.83	7.33	4.23	74	2.99	70	16.49	66	7.80	3.64	42	3.30	30	17.23	30	7.54	4.45	24	6.66
1851	4.33	7.92	17.97	9.94	4.22	77	8.28	91	17.76	88	10.01	4.66	24	8.33	21	19.48	21	10.41	5.60	15	9.66
1852	4.22	3.71	17.01	8.39	4.11	83	3.46	87	16.43	86	8.02	3.71	42	3.33	24	16.33	27	7.20	6.03	30	8.50
1853	6.57	3.89	32.31	14.35	6.09	78	3.92	73	34.45	62	13.41	6.55	36	4.22	36	32.79	27	12.86	8.29	27	6.„
1854	6.„	8.38	29.69	14.44	5.80	77	8.44	84	28.50	78	14.14	6.39	33	12.12	33	25.20	15	18.13	13.70	30	15.99
1855	3.63	3.37	12.17	6.42	4.26	69	3.40	72	11.63	74	6.51	3.62	42	3.54	36	17.28	18	6.17	4.28	36	6.14
1856	2.70	2.27	6.94	3.92	2.58	63	3.08	80	7.59	53	3.87	2.59	48	2.23	33	7.42	24	3.58	3.13	24	4.33
1857	2.25	1.53	6.44	3.40	2.56	60	1.55	66	6.09	78	3.58	2.55	24	1.66	30	5.95	21	3.15	1.71	27	3.66
1858	1.97	1.41	3.76	2.37	2.01	66	1.48	67	3.45	66	2.32	2.04	27	1.44	27	3.„	24	2.13	1.50	27	2.55
1859	2.93	1.33	8.30	4.21	3.03	74	1.52	73	7.71	72	5.99	2.63	30	1.06	30	7.88	18	3.23	2.66	36	3.42
1860	4.37	3.72	10.28	6.16	4.00	79	3.92	71	9.81	80	5.98	3.83	51	3.37	24	15.16	42	5.36	2.91	33	9.39
Moyennes	3.93	3.64	14.34	7.35	3.89		3.82		14.54		7.42	3.84		4.06		15.25		7.25	4.93		6.94

Température de l'Air

Années	Variations petites, moyennes et grandes — 1er Quadrimestre Malades	Jours	2e Quadrimestre Malades	Jours	3e Quadrimestre Malades	Jours	Année Malades	Variations moyennes et grandes — 1er Quadrimestre Malades	Jours	2e Quadrimestre Malades	Jours	3e Quadrimestre Malades	Jours	Année Malades	Grandes Variations Malades	Jours	Maxim. des Malades
1850	4.14	91	2.69	83	15.15	84	7.32	4.74	24	2.87	36	16.51	42	8.49	13.„	25	15.88
1851	4.43	91	7.79	94	17.09	91	9.78	4.43	28	7.63	22	21.40	28	10.20	7.17	12	10.50
1852	3.88	84	3.97	75	16.82	89	8.53	4.33	32	3.66	31	16.22	40	8.58	7.58	21	10.27
1853	6.39	86	3.96	80	33.30	86	14.76	6.63	30	3.75	35	34.46	30	14.86	14.30	50	17.41
1854	6.26	83	8.24	61	28.18	78	14.59	7.34	37	7.23	31	26.35	39	13.91	12.50	44	18.„
1855	3.98	74	3.44	58	13.40	57	6.69	4.„	28	3.46	30	13.93	35	7.37	5.07	30	7.10
1856	2.51	72	2.37	65	6.95	59	3.74	2.63	32	2.64	41	6.93	29	4.86	4.86	42	6.12
1857	2.20	65	1.68	64	5.82	69	3.32	2.27	30	2.04	33	7.70	42	4.30	6.10	30	6.50
1858	2.10	69	1.35	78	3.91	77	2.42	2.22	39	1.81	32	3.37	36	2.49	2.43	24	4.66
1859	2.81	72	1.26	90	7.66	88	4.08	2.75	25	1.43	34	8.56	29	4.35	4.53	36	5.69
1860	4.62	70	4.„	74	9.41	60	5.85	5.22	38	4.58	24	11.20	28	6.93	9.59	40	11.43
Moyennes	3.94		3.70		14.33		7.37	4.23		3.74		15.17		7.85	7.92		10.32

Pluie

Années	Pluies petites moyennes et grandes — 1er Quadrimestre Malades	Jours	2e Quadrimestre Malades	Jours	3e Quadrimestre Malades	Jours	Année Malades	Pluies moyennes et grandes — 1er Quadrimestre Malades	Jours	2e Quadrimestre Malades	Jours	3e Quadrimestre Malades	Jours	Année Malades	Grandes pluies Malades	Jours
1850	4.13	69	2.03	32	16.08	62	16.08	4.53	36	2.00	54	18.08	36	7.32	9.80	42
1851	5.38	60	8.08	76	15.89	67	9.78	3.21	24	8.71	24	17.90	30	10.55	10.79	33
1852	3.55	76	3.92	62	16.85	67	8.01	3.83	24	3.6.	21	16.61	33	9.19	1.04	45
1853	7.37	99	3.98	74	37.28	46	12.46	5.43	54	3.55	33	39.24	21	10.54	34.23	51
1854	6.18	85	8.04	58	27.96	51	12.42	6.84	51	9.96	30	26.26	18	21.43	8.80	51
1855	3.73	78	3.18	77	8.09	52	6.62	3.78	51	3.07	42	13.07	21	3.86	4.82	39
1856	2.18	83	7.14	66	7.86	43	3.47	2.00	46	1.43	21	7.47	15	2.85	3.69	36
1857	2.64	51	1.52	63	5.50	58	3.20	2.77	30	1.54	24	4.85	27	3.16	3.86	42
1858	1.77	70	1.50	59	3.55	69	2.31	2.22	36	1.60	15	3.53	30	2.49	2.33	51
1859	3.28	60	1.22	69	7.36	50	3.69	3.66	30	1.56	30	7.81	36	1.93	4.19	42
1860	5.61	70	3.75	69	3.75	38	11.42	4.10	60	4.21	42	10.95	15	5.04	4.80	60
Moyennes	4.16		3.57		13.93		7.04	3.85		3.75		15.07		7.11	8.03	

RÉSULTATS des RECHERCHES sur la CONNEXION entre la MÉTÉOROLOGIE et la PATHOGÉNIE CIVILE et MILLTAIRE à ROME (de 1850 à 1861)

HÔPITAL MILITAIRE St. ANDRÉ : MALADIES À L'ÉPOQUE DE L'INVASION
(Service de Mr. Ma er.

Pesanteur de l'Atmosphère

Moyennes des Entrées dans un jour quelconque, Indépendamment de l'État du Ciel

Années	1er Quadrim.	2e Quadrim.	3e Quadrim.	Années
1850	1.92	3. ..	5 67	3.55
1851	2.08	3.94	4.07	3.37
1852	1.60	1.89	4.21	2.57
1853	1.39	2.17	5.97	3.52
1854	1.82	3.88	4.76	3.50
1855	1.84	1.86	4.72	2.82
1856	1.88	2.34	3.30	2.51
1857	1.65	1.46	3.01	2.04
1858	1.63	1.50	2.11	1.77
1859	1.66	1.52	3.46	2.21
1860	1.19	2.44	3.58	2.41
Moyennes	1.69	2.36	4.08	2.75

Variations petites moyennes et grandes

Années	1er Quadrimest. Malades	1er Quadrimest. Jours	2e Quadrimest. Malades	2e Quadrimest. Jours	3e Quadrimest. Malades	3e Quadrimest. Jours	Années Malades
1850	1.83	75	3.16	73	5.69	66	3.47
1851	2.10	77	3.88	95	4.19	88	3.49
1852	1.52	82	1.81	84	4.39	87	2.59
1853	2.35	77	2.16	73	6.31	62	3.48
1854	1.68	77	3.86	84	4.64	78	3.41
1855	1.83	70	2.09	72	4.62	74	2.87
1856	2.06	62	2.42	80	3.04	53	5.10
1857	1.76	60	1.65	66	2.89	78	1.48
1858	1.68	67	1.44	65	2.14	57	1.21
1859	1.51	74	1.62	73	3.20	73	2.21
1860	1.13	75	2.30	70	3.83	77	2.52
Moyennes	1.76		2.39		4.08		2.89

Variations ennes et grandes

Années	1er Quadrimest. Malades	1er Quadrimest. Jours	2e Quadrimest. Malades	2e Quadrimest. Jours	3e Quadrimest. Malades	3e Quadrimest. Jours	Années Malades
1850	1.84	45	2.43	30	5.04	27	2.87
1851	2.18	27	4.14	21	3.57	21	3.20
1852	1.34	41	2.04	23	2.77	26	1.93
1853	2.28	33	2.54	37	6.08	27	3.24
1854	1.72	33	3.85	33	4.46	15	2.99
1855	1.50	44	2.15	41	5.44	16	2.58
1856	2.22	45	2.20	34	2.61	23	2.30
1857	1.69	23	1.45	32	2.05	21	1.70
1858	1.74	27	1.59	29	2.04	24	1.75
1859	1.39	27	1.22	36	2.70	17	1.58
1860	1.16	50	2.09	22	3.08	12	1.91
Moyennes	1.73		2.33		3.62		2.18

Années	Grandes Variations Malades	Grandes Variations Jours	Maxim. des Malades
1850	2.17	29	3.88
1851	2.55	21	3.75
1852	1.28	29	2. ..
1853	2.73	26	4.30
1854	3.63	30	4.80
1855	1.98	42	3.20
1856	2.16	38	3.77
1857	1.41	29	2.30
1858	1.56	30	2.40
1859	1.52	42	2.66
1860	1.61	31	2.18
Moyennes	2.05		3.20

Température de l'Air

Variations petites, moyennes et grandes

Années	1er Quadrimestre Malades	1er Quadrimestre Jours	2e Quadrimestre Malades	2e Quadrimestre Jours	3e Quadrimestre Malades	3e Quadrimestre Jours	Années Malades
1850	1.83	91	2.93	83	5.76	84	3.46
1851	2.09	91	4.02	94	4.26	91	3.46
1852	1.62	84	2.01	75	4.35	89	2.71
1853	2.54	86	1.96	80	5.91	86	3.48
1854	1.85	83	3.58	61	4.42	78	3.23
1855	1.73	74	1.54	58	4.88	57	2.62
1856	1.90	72	2.28	65	3.23	59	2.43
1857	1.77	65	1.66	64	2.89	69	2.13
1858	1.51	69	1.56	78	2.17	77	1.74
1859	1.60	72	1.60	90	3.50	88	2.24
1860	1.20	70	2.29	74	3.36	60	2.23
Moyennes	1.78		2.31		4.07		2.70

Variations moyennes et grandes

Années	1er Quadrimestre Malades	1er Quadrimestre Jours	2e Quadrimestre Malades	2e Quadrimestre Jours	3e Quadrimestre Malades	3e Quadrimestre Jours	Années Malades
1850	1.71	24	3.05	36	7.46	42	4.22
1851	2.04	28	3.54	22	4.25	28	3.26
1852	1.50	32	2.16	31	5.02	40	5.53
1853	3.06	30	2.31	35	6.63	30	1.88
1854	2.16	37	3.29	31	3.49	39	3.01
1855	1.43	28	2.00	30	4.12	35	2.61
1856	1.62	32	2.09	41	3.34	29	2.30
1857	1.83	30	1.64	33	2.71	42	2.12
1858	1.51	39	1.72	32	2.36	36	1.86
1859	1.52	25	1.63	34	3.93	29	2.35
1860	1.24	38	2.29	24	3.75	28	2.30
Moyennes	1.78		2.33		4.28		2.83

Années	Grandes Variations Malades	Grandes Variations Jours	Maxim. des Malades
1850	3.55	25	5.12
1851	2.90	12	4.75
1852	3.09	21	4.50
1853	3.64	50	4.77
1854	3.04	44	4.20
1855	1.93	30	2.90
1856	2.38	42	3.61
1857	2.56	30	3.40
1858	2.25	24	3.12
1859	1.86	36	3.00
1860	2.90	40	4.86
Moyennes	2.64		4.02

Pluie

Pluies petites moyennes et grandes

Années	1er Quadrimestre Malades	1er Quadrimestre Jours	2e Quadrimestre Malades	2e Quadrimestre Jours	3e Quadrimestre Malades	3e Quadrimestre Jours	Années Malades
1850	1.75	69	3.36	82	5.42	62	3.35
1851	2.05	60	2.61	76	3.64	67	2.83
1852	1.47	76	1.87	62	3.72	67	2.32
1853	2.20	99	2.23	74	6.13	46	3.04
1854	2.13	85	4.16	58	2.79	51	2.91
1855	1.77	78	2.00	77	4.00	52	2.22
1856	1.54	83	2.38	68	3.21	43	2.26
1857	1.83	51	1.37	63	2.33	58	1.81
1858	1.61	70	1.27	59	2.19	69	1.65
1859	1.70	60	1.48	69	3.46	50	2.11
1860	1.20	70	1.55	69	2.79	38	1.65
Moyennes	1.75		2.21		3.61		2.37

Pluies moyennes et grandes

Années	1er Quadrimestre Malades	1er Quadrimestre Jours	2e Quadrimestre Malades	2e Quadrimestre Jours	3e Quadrimestre Malades	3e Quadrimestre Jours	Années Malades
1850	1.90	36	2.80	54	5.10	36	3.24
1851	2.29	24	3.96	24	3.13	30	3.13
1852	1.50	24	1.81	21	3.55	33	2.47
1853	2.30	54	2.00	33	5.68	21	2.62
1854	2.65	51	4.37	30	2.89	18	3.21
1855	1.81	51	1.81	42	3.00	21	1.92
1856	1.76	46	2.10	21	3.93	15	2.06
1857	1.93	30	1.33	24	1.66	27	1.67
1858	1.44	36	1.80	15	2.07	30	1.74
1859	1.87	30	1.67	30	3.39	36	2.37
1860	1.27	60	2.19	42	4.20	15	1.99
Moyennes	1.88		2.35		3.51		2.40

Années	Grandes Pluies Malades	Grandes Pluies Jours
1850	3.81	42
1851	2.91	33
1852	2.60	45
1853	2.76	51
1854	2.55	51
1855	2.15	39
1856	2.03	36
1857	1 64	42
1858	1 66	51
1859	2 14	42
1860	1 56	60
Moyennes	2 36	

HÔPITAL MILITAIRE St ANDRÉ.

FIÈVRES INTERMITTENTES (de 1850 à 1858) et ACCÈS FÉBRILES (de 1858 à 1861)

Service de Mr Mayer.

Pesanteur de l'Atmosphère

Moyennes des Entrées dans un jour quelconque, Indépendamment de l'État du Ciel

Années	1er Quadrim.	2e Quadrim.	3e Quadrim.	Années
1850	1.17	2.07	5.12	2.80
1851	1.30	3.00	3.31	2.56
1852	0.81	1.82	3.77	1.91
1853	1.63	1.01	5.52	2.73
1854	0.80	1.93	3.02	1.69
1855	1.02	0.95	3.64	1.88
1856	1.06	1.23	2.69	1.66
1857	0.73	0.34	2.64	1.26
Moyennes	1.07	1.54	3.71	2.03
	1er Quadrim.	2e Quadrim.	3e Quadrim.	Années
1858	1.30	1.01	3.31	1.91
1859	3.90	1.90	7.23	4.09
1860	3.85	0.99	11.20	5.37
Moyennes	3.02	1.30	7.25	3.79

Variations petites, moyennes et grandes

Années	1er Quadrimestre Fièv. interm.	Jours	2e Quadrimest. Fièv. interm.	Jours	3e Quadrimest. Fièv. interm.	Jours	Années Fièv. interm.
1850	1.11	74	1.45	70	5.21	66	2.82
1851	1.30	77	3.15	91	3.91	88	2.86
1852	0.85	83	1.14	87	4.05	86	2.05
1853	1.68	78	1.11	73	5.53	62	2.60
1854	1.25	77	2.14	84	3.17	78	2.29
1855	1.06	69	1.01	72	3.84	74	2.00
1856	1.01	63	1.33	80	2.77	53	1.68
1857	0.77	60	0.32	66	2.17	78	1.22
Moyennes	1.12		1.45		3.80		2.19
	Accès fébril.	Jours	Accès fébril.	Jours	Accès fébril.	Jours	Accès fébril.
1858	1.47	66	1.12	67	2.98	66	1.80
1859	4.04	74	1.52	73	7.59	72	4.33
1860	3.77	79	1.18	71	1.14	80	5.59
Moyennes	3.09		1.27		3.90		3.90

Variations moyennes et grandes; Grandes Variations; Maxim. des

Années	1er Quadrimestre Fièv. interm.	Jours	2e Quadrimest. Fièv. interm.	Jours	3e Quadrimest. Fièv. interm.	Jours	Années Fièv. interm.	Grandes Variations Fièv. interm.	Jours	Maxim. des Fièv. interm.
1850	1.07	42	2.26	30	5.18	30	2.31	2.03	24	4.00
1851	1.30	24	3.67	21	4.81	21	1.75	3.44	15	5.27
1852	0.93	42	1.27	24	3.85	27	1.85	1.43	30	3.40
1853	1.59	36	1.27	36	6.41	27	2.82	2.71	27	3.90
1854	0.87	33	1.97	33	2.60	15	1.57	1.89	30	2.80
1855	0.98	42	0.80	36	4.88	18	1.52	0.93	36	1.80
1856	1.02	48	1.21	33	2.69	24	1.46	1.35	24	2.54
1857	1.12	24	0.41	30	2.43	21	1.22	0.66	27	1.33
Moyennes	1.11		1.59		4.10		1.81	1.83		3.63
	Accès fébril.	Jours	Accès fébril.	Jours	Accès fébril.	Jours	Accès fébril.	Accès fébril.	Jours	Accès fébril.
1858	1.29	27	0.96	27	2.46	24	1.65	0.83	27	1.70
1859	3.19	30	1.22	30	8.06	18	3.32	2.97	36	5.51
1860	3.82	51	0.52	24	10.58	12	3.96	2.35	33	3.45
Moyennes	2.76		0.90		7.03		2.97	2.05		3.55

Température de l'Air

Variations petites, moyennes et grandes

Années	1er Quadrimestre Fièv. interm.	Jours	2e Quadrimestre Fièvres interm.	Jours	3e Quadrimestre Fièv. intermit.	Jours	Années Fièv. intermit.
1850	1.11	91	1.85	83	5.32	84	2.74
1851	1.41	91	3.03	94	3.26	91	2.79
1852	0.96	84	1.06	75	4.16	89	2.12
1853	1.62	86	1.16	80	5.80	86	2.90
1854	0.94	83	1.88	61	3.45	78	2.09
1855	1.08	74	1.01	58	3.63	57	1.83
1856	1.11	72	1.21	65	2.68	59	1.61
1857	0.74	65	0.34	64	2.26	69	1.14
Moyennes	1.12		1.44		3.82		2.15
	Accès fébriles	Jours	Accès fébriles	Jours	Accès fébriles	Jours	Accès fébriles
1858	1.13	69	1.06	78	3.36	77	1.87
1859	4.06	72	1.15	90	6.85	88	3.96
1860	3.50	70	1.18	74	11.36	60	4.96
Moyennes	2.89		1.13		7.19		3.59

Variations moyennes et grandes; Grandes Variations; Maxim. des

Années	1er Quadrimestre Fièv. intermit.	Jours	2e Quadrimestre Fièv. intermit.	Jours	3e Quadrimestre Fièv. intermit.	Jours	Années Fièvres interm.	Grandes Variations Fièv. intermit.	Jours	Maxim. des Fièv. intermit.
1850	0.71	24	1.78	36	4.59	42	2.70	2.22	25	4.62
1851	1.36	28	3.82	22	3.03	28	2.66	3.77	12	5.66
1852	1.00	32	1.10	31	3.97	40	2.18	2.62	21	5.25
1853	2.00	30	1.26	35	7.20	30	3.36	3.17	50	5.77
1854	1.11	37	1.26	31	3.31	39	2.03	1.77	44	2.81
1855	1.21	28	1.11	30	3.97	35	2.22	1.50	30	2.20
1856	0.93	32	1.14	41	1.84	29	1.31	1.72	42	2.50
1857	1.00	30	0.42	33	2.33	42	1.33	1.63	30	2.40
Moyennes	1.16		1.46		3.78		2.22	2.30		3.90
	Accès fébriles	Jours	Accès fébriles	Jours	Accès fébriles	Jours	Accès fébriles	Accès fébriles	Jours	Accès fébriles
1858	1.20	39	1.28	32	3.31	36	1.93	1.37	24	2.66
1859	6.20	25	1.23	34	6.17	29	4.01	4.17	36	5.38
1860	4.90	38	1.08	24	11.86	28	6.04	7.75	40	9.87
Moyennes	4.10		1.53		7.11		3.99	4.43		6.04

Pluie

Pluies petites, moyennes et grandes

Années	1er Quadrimestre Fièvres intermit.	Jours	2e Quadrimestre Fièvres intermit.	Jours	3e Quadrimestre Fièvres intermit.	Jours	Année Fièvres intermit.
1850	1.23	69	2.64	82	4.92	62	2.85
1851	1.33	60	3.17	76	2.88	67	2.52
1852	0.77	76	1.80	62	3.46	67	1.77
1853	1.54	99	1.06	74	6.11	46	2.34
1854	0.91	85	2.04	58	3.12	51	1.83
1855	1.19	78	0.83	77	3.35	52	1.39
1856	0.84	83	1.10	68	2.86	43	1.37
1857	0.82	51	0.35	63	2.21	58	1.11
Moyennes	1.08		1.62		3.61		1.89
	Accès fébriles	Jours	Accès fébriles	Jours	Accès fébriles	Jours	Accès fébriles
1858	1.17	70	0.85	59	3.55	69	1.90
1859	4.40	60	1.19	69	6.94	50	3.88
1860	4.11	90	1.02	69	12.27	38	4.50
Moyennes	3.23		1.02		7.58		3.43

Pluies moyennes et grandes; Grandes Pluies

Années	1er Quadrimestre Fièvres intermit.	Jours	2e Quadrimestre Fièvres intermit.	Jours	3e Quadrimestre Fièvres intermit.	Jours	Année Fièvres intermit.	Grandes Pluies Fièvres intermit.	Jours
1850	1.00	36	2.40	54	5.80	36	2.96	4.80	42
1851	1.75	24	2.91	24	3.13	30	2.64	3.09	33
1852	0.63	24	0.62	21	4.09	33	2.09	2.89	45
1853	1.28	54	0.88	33	6.33	21	1.96	2.04	51
1854	1.06	51	1.70	30	2.78	18	1.57	1.77	51
1855	1.23	51	0.71	42	3.00	21	1.17	1.56	39
1856	0.74	46	1.24	21	2.35	15	1.17	1.17	36
1857	0.83	30	0.33	24	1.59	27	1.83	0.95	42
Moyennes	1.06		1.35		3.63		1.92	2.26	
	Accès fébriles	Jours	Accès fébriles	Jours	Accès fébriles	Jours	Accès fébriles	Accès fébriles	Jours
1858	1.36	36	1.00	15	4.00	30	2.27	2.30	51
1859	4.47	30	1.10	30	6.22	36	4.07	4.47	42
1860	4.87	60	1.00	42	10.40	15	3.76	4.06	60
Moyennes	3.57		1.03		6.87		3.37	3.61	

INDEX

PLANCHE I.

a. **État du ciel à Rome, de 1850 à 1861.**

1° Indications de la pluie, neige, grêle, gelée, brouillard, orages et tonnerre, du ciel serein, nuageux et couvert.

b. **Vents en particulier à Rome de 1850 à 1861.**

1° Indications de leur direction, de leur fréquence et du calme.

c. **Vents en particulier, en général en rapport avec la pathogénie.**

1° Indications de la force, par mois.
2° Direction moyenne, en comptant les degrés du N. à l'E., et force moyenne en mille géographique de 1853 mètres.
3° Humidité absolue de l'air à Rome de 1853 à 1861. — Hauteurs moyennes psychrométriques par heure.

PLANCHE II.

d. **Humidité relative de l'air à Rome de 1850 à 1861.**

1° Hauteurs moyennes hygrométriques et psychrométriques, par heures; maxima et minima, leur date par mois.

e. **Pesanteur de l'atmosphère à Rome de 1850 à 1861.**

1° Hauteurs moyennes barométriques, par heures; maxima et minima, leur date par mois.

f. **Température de l'air à Rome de 1850 à 1861.**

1° Hauteurs moyennes thermométriques, par heures; maxima et minima, leur date par mois.

PLANCHE III.

g. **Pesanteur, chaleur et humidité absolue de l'air, pluie, en rapport avec la pathogénie à Rome de 1850 à 1861.**

1° Hauteurs moyennes barométriques, thermométriques, psychrométriques et pluviométriques, par mois.

h. **Pesanteur, chaleur et humidité relative de l'air, en rapport avec la pathogénie à Rome de 1850 à 1861.**

1° Variations barométriques, thermométriques et psychrométriques, par mois.

j. **Courbe nosographique moyenne civile, militaire de 1850 à 1861, à Rome.**

1° Hôpital civil Santo-Spirito, en général.
2° Hôpital militaire Saint-André, en général.

PLANCHES IV A XIV.

Courbes météorographiques.

1° Pluviomètre en lignes de 1850 à 1856; en millimètres de 1856 à 1861.
2° Baromètre en pouces non réduit à zéro de 1859 à 1856; réduit à zéro de 1856 à 1861. (Observation à midi.)
3° Thermomètre Réaumur de 1850 à 1856; centigrade de 1856 à 1861.

Courbes nosographiques.

1° Hôpital militaire Saint-André, en général.
2° Hôpital civil Santo-Spirito, en général.
3° Hôpital militaire Saint-André (service de M. Mayer, médecin en chef); maladies ramenées à l'époque de leur invasion.
4° Hôpital militaire Saint-André (service de M. Mayer); fièvres intermittentes paludéennes de 1850 à 1858; accès fébriles palustres de 1858 à 1861.

PLANCHE XV.

Roses anémodynamiques (Fig. I, II, III, IV) **et rose thermo-anémométrique** (Fig. V).

PLANCHE XVI,

Résultats numériques des recherches sur la connexion entre la météorologie et la pathogénie civile et militaire à Rome, de 1850 à 1861.

1° Hôpital civil Santo-Spirito, en général, et pesanteur de l'atmosphère, chaleur de l'air, quantité de pluie.
2° Hôpital militaire Saint-André, en général, et pesanteur de l'atmosphère, chaleur de l'air, quantité de pluie.
3° Hôpital militaire Saint-André (maladies ramenées à l'époque de leur invasion) et pesanteur de l'atmosphère, chaleur de l'air, quantité de pluie.
4° Hôpital militaire Saint-André (fièvres intermittentes paludéennes, de 1850 à 1858, et accès fébriles palustres, de 1858 à 1861), et pesanteur de l'atmosphère, chaleur de l'air, quantité de pluie.

Imprimerie de Cosse et J. Dumaine, rue Christine, 2.

www.ingramcontent.com/pod-product-compliance
Ingram Content Group UK Ltd.
Pitfield, Milton Keynes, MK11 3LW, UK
UKHW021019200726
13857UKWH00004B/1495

9 782013 072199